はじめに

　新型コロナウイルス感染症の影響により、これまでの働き方が見直されており、スマートフォンやクラウドサービス等を活用したテレワークやオンライン会議など、距離や時間に縛られない多様な働き方が定着しつつあります。

　今後、第5世代移動通信システム（5G）の活用が本格的に始まると、デジタルトランスフォーメーション（DX）の動きはさらに加速していくと考えられます。

　こうした中、企業では、生産性向上に向け、ITを利活用した業務効率化が不可欠となっており、クラウドサービスを使った会計事務の省力化、ECサイトを利用した販路拡大、キャッシュレス決済の導入など、ビジネス変革のためのデジタル活用が進んでいます。一方で、デジタル活用ができる人材は不足しており、その育成や確保が課題となっております。

　日本商工会議所ではこうしたニーズを受け、仕事に直結した知識とスキルの習得を目的として、IT利活用能力のベースとなるMicrosoft®のOfficeソフトの操作スキルを問う「日商PC検定試験」をネット試験方式により実施しています。

　特に企業実務では、資料の内容を正確に相手に伝えることが大切です。また、資料作成のスキルは、個人のみならず企業全体の生産性向上につながる重要なものです。

　同試験の文書作成分野は、社内や社外向けの、簡潔でわかりやすいビジネス文書や資料の作成、その取り扱い等を問う内容になっております。

　本書は「文書作成2級」の学習のための公式テキストであり、試験で出題される、実践的なビジネス文書に関する知識やライティング技術を学べる内容となっております。

　また、さらに1級を目指して学習される方の利便に供するため、付録として1級サンプル問題も収録しました。

　本書を試験合格への道標としてご活用いただくとともに、修得した知識やスキルを活かして企業等でご活躍されることを願ってやみません。

2021年10月

日本商工会議所

本書を購入される前に必ずご一読ください

本書は、2021年7月現在のWord 2019（16.0.10375.20036）、Word 2016（16.0.4549.1000）に基づいて解説しています。
本書発行後のWindowsやOfficeのアップデートによって機能が更新された場合には、本書の記載のとおりに操作できなくなる可能性があります。あらかじめご了承のうえ、ご購入・ご利用ください。

◆本教材は、個人が「日商PC検定試験」に備える目的で使用するものであり、日本商工会議所および株式会社富士通ラーニングメディアが本教材の使用により「日商PC検定試験」の合格を保証するものではありません。

◆Microsoft、Excel、Internet Explorer、Windowsは、米国Microsoft Corporationの米国およびその他の国における登録商標または商標です。

◆その他、記載されている会社および製品などの名称は、各社の登録商標または商標です。

◆本文中では、TMや®は省略しています。

◆本文中のスクリーンショットは、マイクロソフトの許可を得て使用しています。

◆本文およびデータファイルで題材として使用している個人名、団体名、商品名、ロゴ、連絡先、メールアドレス、場所、出来事などは、すべて架空のものです。実在するものとは一切関係ありません。

◆本書に掲載されているホームページは、2021年7月現在のもので、予告なく変更される可能性があります。

Contents

Contents

本書をご利用いただく前に

本書で学習を進める前に、ご一読ください。

1 本書の記述について

説明のために使用している記号には、次のような意味があります。

記述	意味	例
☐	キーボード上のキーを示します。	[Enter] [Delete]
☐+☐	複数のキーを押す操作を示します。	[Ctrl]+[End] ([Ctrl]を押しながら[End]を押す)
《　　》	ダイアログボックス名やタブ名、項目名など画面の表示を示します。	《ホーム》タブを選択します。 《ページ設定》ダイアログボックスが表示されます。
「　　」	重要な語句や機能名、画面の表示、入力する文字列などを示します。	「ビジネス文書」と呼ばれています。 「記」と入力します。

 Wordの実習

 学習の前に開くファイル

* 用語の説明

※ 補足的な内容や注意すべき内容

 操作する際に知っておくべき内容や知っていると便利な内容

 問題を解くためのポイント

 標準的な操作手順

2019 Word 2019の操作方法

2016 Word 2016の操作方法

2 製品名の記載について

本書では、次の名称を使用しています。

正式名称	本書で使用している名称
Windows 10	Windows 10　または　Windows
Microsoft Office 2019	Office 2019　または　Office
Microsoft Word 2019	Word 2019　または　Word
Microsoft Word 2016	Word 2016　または　Word
Microsoft Excel 2019	Excel 2019　または　Excel
Microsoft Excel 2016	Excel 2016　または　Excel

3 学習環境について

本書を学習するには、次のソフトウェアが必要です。

Word 2019　または　Word 2016

本書を開発した環境は、次のとおりです。
- OS：Windows 10（ビルド19042.928）
- アプリケーションソフト：Microsoft Office Professional Plus 2019
  　　　　　　　　　　　　　Microsoft Word 2019（16.0.10375.20036）
- ディスプレイ：画面解像度　1024×768ピクセル

※インターネットに接続できる環境で学習することを前提に記述しています。
※環境によっては、画面の表示が異なる場合や記載の機能が操作できない場合があります。

◆Office製品の種類

Microsoftが提供するOfficeには、「ボリュームライセンス」「プレインストール」「パッケージ」「Microsoft 365」などがあり、種類によって画面が異なることがあります。
※本書は、ボリュームライセンスをもとに開発しています。

●Microsoft 365で《ホーム》タブを選択した状態（2021年7月現在）

◆画面解像度の設定

画面解像度を本書と同様に設定する方法は、次のとおりです。

① デスクトップの空き領域を右クリックします。

②《ディスプレイ設定》をクリックします。

③《ディスプレイの解像度》の ∨ をクリックし、一覧から《1024×768》を選択します。

※確認メッセージが表示される場合は、《変更の維持》をクリックします。

◆ボタンの形状

ディスプレイの画面解像度やウィンドウのサイズなど、お使いの環境によって、ボタンの形状やサイズが異なる場合があります。ボタンの操作は、ポップヒントに表示されるボタン名を確認してください。

※本書に掲載しているボタンは、ディスプレイの画面解像度を「1024×768ピクセル」、ウィンドウを最大化した環境を基準にしています。

◆スタイルや色の名前

本書発行後のWindowsやOfficeのアップデートによって、ポップヒントに表示されるスタイルや色などの項目の名前が変更される場合があります。本書に記載されている項目名が一覧にない場合は、任意の項目を選択してください。

◆Wordの設定

日商PC検定試験の文書作成分野で扱っているWord文書では、日本語は「MS明朝」、英数字は「Century」に設定されています。また、表題や見出しのスタイルは「MSゴシック」に設定されています。

そのため、本書で使用する学習ファイルでは、基本的に次のように本文のフォントを設定しています。

> 日本語用のフォント：MS明朝
> 英数字用のフォント：Century

本書と同様に、本文のフォントを設定する方法は、次のとおりです。
※Wordを起動し、新規文書または既存の文書を開いておきましょう。

①《レイアウト》タブを選択します。

②《ページ設定》グループの ⬜ （ページ設定）をクリックします。

《ページ設定》ダイアログボックスが表示されます。

③《文字数と行数》タブを選択します。

④《フォントの設定》をクリックします。

《フォント》ダイアログボックスが表示されます。

⑤《フォント》タブを選択します。

⑥《日本語用のフォント》の ∨ をクリックし、一覧から《MS明朝》を選択します。
※一覧に表示されていない場合は、スクロールして調整します。

⑦《英数字用のフォント》の ∨ をクリックし、一覧から《Century》を選択します。
※一覧に表示されていない場合は、スクロールして調整します。

⑧《OK》をクリックします。

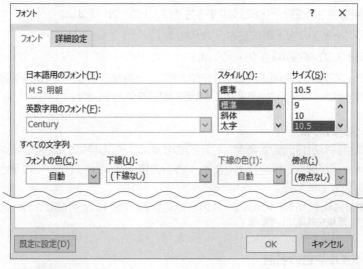

⑨《OK》をクリックします。

◆編集記号の表示

本書に記載している操作方法は、編集記号を表示した環境を基準にしています。
設定を変更する方法は、次のとおりです。

①《ホーム》タブを選択します。

②《段落》グループの ¶ （編集記号の表示/非表示）をクリックします。
※ボタンが濃い灰色になります。

本書で使用する学習ファイルは、FOM出版のホームページで提供しています。
ダウンロードしてご利用ください。

ホームページ・アドレス

https://www.fom.fujitsu.com/goods/

※アドレスを入力するとき、間違いがないか確認してください。

ホームページ検索用キーワード

FOM出版

◆ダウンロード

学習ファイルをダウンロードする方法は、次のとおりです。

① ブラウザーを起動し、FOM出版のホームページを表示します。

※アドレスを直接入力するか、キーワードでホームページを検索します。

②《ダウンロード》をクリックします。

③《資格》の《日商PC検定》をクリックします。

④《日商PC検定試験 2級》の《日商PC検定試験 文書作成 2級 公式テキスト&問題集 Word 2019/2016対応 FPT2102》をクリックします。

⑤「fpt2102.zip」をクリックします。

⑥ ダウンロードが完了したら、ブラウザーを終了します。

※ダウンロードしたファイルは、パソコン内のフォルダー《ダウンロード》に保存されます。

◆ダウンロードしたファイルの解凍

ダウンロードしたファイルは圧縮されているので、解凍（展開）します。
ダウンロードしたファイル「**fpt2102.zip**」を《ドキュメント》に解凍する方法は、次のとおりです。

① デスクトップ画面を表示します。

② タスクバーの ▦ （エクスプローラー）をクリックします。

③《ダウンロード》をクリックします。

※《ダウンロード》が表示されていない場合は、《PC》をダブルクリックします。

④ ファイル「fpt2102」を右クリックします。

⑤《すべて展開》をクリックします。

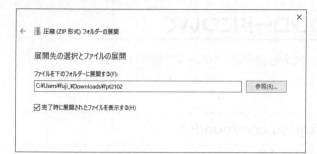

⑥《参照》をクリックします。

⑦《ドキュメント》をクリックします。

※《ドキュメント》が表示されていない場合は、《PC》をダブルクリックします。

⑧《フォルダーの選択》をクリックします。

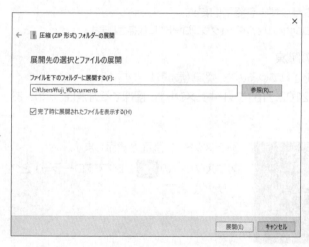

⑨《ファイルを下のフォルダーに展開する》が「C:¥Users¥（ユーザー名）¥Documents」に変更されます。

⑩《完了時に展開されたファイルを表示する》を ☑ にします。

⑪《展開》をクリックします。

⑫ファイルが解凍され、《ドキュメント》が開かれます。

⑬フォルダー「日商PC 文書作成2級 Word 2019／2016」が表示されていることを確認します。

※すべてのウィンドウを閉じておきましょう。

◆学習ファイルの一覧

フォルダー「日商PC 文書作成2級 Word2019／2016」には、学習ファイルが入っています。タスクバーの ▦（エクスプローラー）→《PC》→《ドキュメント》をクリックし、一覧からフォルダーを開いて確認してください。

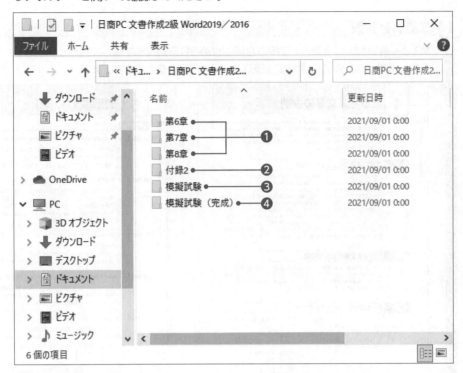

❶第6章／第7章／第8章
各章で使用するファイルが収録されています。

❷付録2
1級サンプル問題で使用するファイルが収録されています。

❸模擬試験
模擬試験（実技科目）で使用するファイルが収録されています。

❹模擬試験（完成）
模擬試験（実技科目）の操作後の完成ファイルが収録されています。

◆学習ファイルの場所

本書では、学習ファイルの場所を《ドキュメント》内のフォルダー「日商PC 文書作成2級 Word2019／2016」としています。《ドキュメント》以外の場所に解凍した場合は、フォルダーを読み替えてください。

◆学習ファイル利用時の注意事項

ダウンロードした学習ファイルを開く際、そのファイルが安全かどうかを確認するメッセージが表示される場合があります。学習ファイルは安全なので、《編集を有効にする》をクリックして、編集可能な状態にしてください。

> ⓘ 保護ビュー 注意—インターネットから入手したファイルは、ウイルスに感染している可能性があります。編集する必要がなければ、保護ビューのままにしておくことをお勧めします。　　　編集を有効にする(E)　×

本書をご利用いただく際には、次のような流れで学習を進めると、効果的な構成になっています。

1 知識科目対策

第1章～第5章では、文書作成2級の合格に求められる知識を学習しましょう。
章末には学習した内容の理解度を確認できる小テストを用意しています。

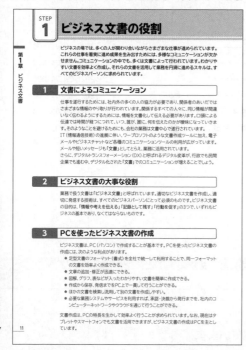

2 実技科目対策

第6章～第8章では、文書作成2級の合格に必要なWordの機能や操作方法を学習しましょう。
章末には学習した内容の理解度を確認できる小テストを用意しています。

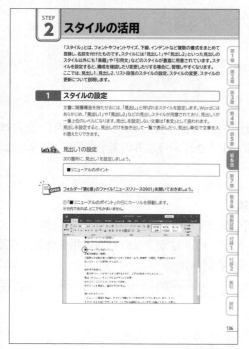

3 実戦力養成

本試験と同レベルの模擬試験にチャレンジしましょう。
時間を計りながら解いて、力試しをしてみるとよいでしょう。

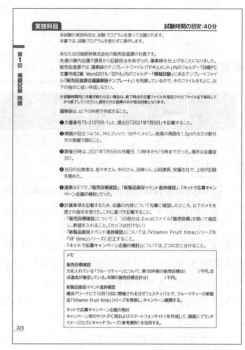

4 弱点補強

模擬試験を採点し、弱点を補強しましょう。
間違えた問題は各章に戻って復習しましょう。
別冊に採点シートを用意しているので活用してください。

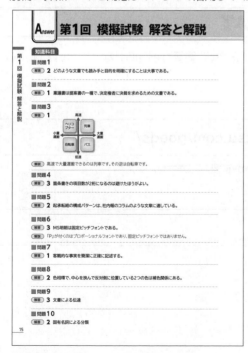

6 ご購入者特典について

模擬試験を学習する際は、「採点シート」を使って採点し、弱点を補強しましょう。
FOM出版のホームページから採点シートを表示できます。必要に応じて、印刷または保存してご利用ください。

◆採点シートの表示方法

 パソコンで表示する

① ブラウザーを起動し、次のホームページにアクセスします。

> **https://www.fom.fujitsu.com/goods/eb/**

※アドレスを入力するとき、間違いがないか確認してください。

② 「日商PC検定試験 文書作成 2級 公式テキスト&問題集 Word 2019/2016対応（FPT2102）」の《特典を入手する》をクリックします。
③ 本書の内容に関する質問に回答し、《入力完了》を選択します。
④ ファイル名を選択します。
⑤ PDFファイルが表示されます。
※必要に応じて、印刷または保存してご利用ください。

スマートフォン・タブレットで表示する

① スマートフォン・タブレットで下のQRコードを読み取ります。

② 「日商PC検定試験 文書作成 2級 公式テキスト&問題集 Word 2019/2016対応（FPT2102）」の《特典を入手する》をクリックします。
③ 本書の内容に関する質問に回答し、《入力完了》を選択します。
④ ファイル名を選択します。
⑤ PDFファイルが表示されます。
※必要に応じて、印刷または保存してご利用ください。

7 本書の最新情報について

本書に関する最新のQ&A情報や訂正情報、重要なお知らせなどについては、FOM出版のホームページでご確認ください。

ホームページ・アドレス

> **https://www.fom.fujitsu.com/goods/**

※アドレスを入力するとき、間違いがないか確認してください。

ホームページ検索用キーワード

> **FOM出版**

第1章
ビジネス文書

STEP 1 ビジネス文書の役割

ビジネスの場では、多くの人が関わり合いながらさまざまな仕事が進められています。これらの仕事を着実に進め成果を生み出すためには、多様なコミュニケーションが欠かせません。コミュニケーションの中でも、多くは文書によって行われています。わかりやすい文書を効率よく作成し、それらの文書を活用して業務を円滑に進めるスキルは、すべてのビジネスパーソンに求められています。

1 文書によるコミュニケーション

仕事を遂行するためには、社内外の多くの人の協力が必要であり、関係者のあいだではさまざまな情報のやり取りが行われています。関係するすべての人々に、同じ情報が間違いなく伝わるようにするためには、情報を文書化して伝える必要があります。口頭による伝達では時間が経つにつれて、いつ、誰が、誰に、何を伝えたのかが曖昧になっていきます。そのようなことを避けるためにも、会社の業務は文書中心で遂行されています。

IT（情報通信技術）の進展に伴い、ワープロソフトのような文書作成ツールに加え、電子メールやビジネスチャットなど各種のコミュニケーションツールの利用が広がっています。メールや短いメッセージも「文書」としてとらえ、業務に活用されています。

さらに、デジタルトランスフォーメーション（DX）と呼ばれるデジタル変革が、行政でも民間企業でも進む中、デジタル化された「文書」でのコミュニケーションが増えることでしょう。

2 ビジネス文書の大事な役割

業務で扱う文書は「ビジネス文書」と呼ばれています。適切なビジネス文書を作成し、適切に発信する技術は、すべてのビジネスパーソンにとって必須のものです。ビジネス文書の目的は、「情報や考えを伝える」「記録として残す」「行動を促す」の3つで、いずれもビジネスの基本であり、なくてはならないものです。

3 PCを使ったビジネス文書の作成

ビジネス文書は、PC（パソコン）で作成することが基本です。PCを使ったビジネス文書の作成には、次のような利点があります。

- 定型文書のフォーマット（書式）を全社で統一して利用することで、同一フォーマットの文書を効率よく作成できる。
- 文章の追加・修正が迅速にできる。
- 図解、グラフ、表などが入ったわかりやすい文書を簡単に作成できる。
- 作成から保存、発信までをPC上で一貫して行うことができる。
- ほかの文書を検索し流用して別の文書を作成しやすい。
- 必要な業務システムやサービスを利用すれば、承認・決裁から発行までを、社内のコンピューターネットワークやクラウドを通じて行うことができる。

文書作成は、PCの特長を生かして効率よく行うことが求められています。なお、現在はタブレットやスマートフォンでも文書を活用できますが、ビジネス文書の作成はPCを主としています。

STEP 2　ビジネス文書の基本

「ビジネス文書」とは、ビジネスの場で使われるさまざまな種類の文書を指した言葉です。ビジネス文書には、社内に向けて発信する連絡文書や報告書のような「社内文書」と、社外に向けて発信する取引文書や儀礼的な文書のような「社外文書」があります。いずれの文書も、ビジネス上のやり取りを円滑に行うために、また情報を共有するために、欠かせない役割を果たしています。

1　ビジネス文書の特徴

デジタル化の時代を迎えても、ビジネスの場では文書が最重要であることに変わりはありません。文書が持つ「情報の伝達」と「情報の管理・保存」のいずれも組織の中で仕事を進めるためには不可欠な機能だからです。仕事を進めるうえで適切なビジネス文書を作成する技術は、なくてはならないものです。

近年、紙のビジネス文書の一部は電子化されたファイルや電子メールに置き換えられていますが、媒体が変わっただけで文書としての機能は同じです。すべてビジネス文書に含めて考えることができます。

ビジネス文書には、次のような特徴があります。

●フォーマットがある

連絡文書のように、一定のフォーマットが定着しているものがあります。フォーマットが特に決まっていない文書も、記載が必要な項目はほぼ決まっています。

●慣用語や慣用表現がある

ビジネス文書には、よく使われる慣用語表現があります。それらを適切に使う必要があります。

●正確に伝わらなければ価値がない

ビジネス文書は、読み手に正しい内容が伝わらなければなりません。誤解を与えるような表現や情報不足にならないように注意しましょう。さらに、読み手の立場に立った内容・表現を心がけます。

●作成者は部門や会社を代表している

作成者は、社内文書であれば発信部門を代表して書いているという意識が必要です。社外文書であれば会社を代表していると考え、文章表現や慣用語の使い方に細心の注意を払います。

2　ビジネス文書の作成手順

ビジネス文書は、次のような手順で作成します。

1　文書の種類・テーマ・目的・読み手を明確にする

作成する文書の種類は何か、文書のテーマは何か、目的は何か、読み手は誰かを最初に明確にします。

2　情報を集め分析する

「1」で明確にした内容に沿って情報を集め、分析し、テーマや目的、読み手に合わせて取捨選択します。

3　結論を明確にする

最終的に伝えたい重要なこと（結論）は何かを明確にします。

4　構成を決める

全体の構成を考え、内容を組み立てます。

5　内容を記述する

組み立てた構成をもとに本文を記述します。構成を決めるときに、盛り込むべきキーワードやデータをメモしておくとよいでしょう。1つに1つのテーマをもった段落を組み合わせて、文章にまとめていきます。

6　推敲する

推敲とは、作成した文書を見直すことです。作成した文書の内容や表現が、文書の種類・テーマ・目的・読み手に合っているか、結論や大事なことが最初に示されているか、文章は簡潔にまとまっているかなどを確認し、問題があれば修正します。また、誤字脱字や表記の不統一などがないかどうかも併せて確認します。

7　最終確認する

出力して最終確認します。必要があれば、上司に目を通してもらいます。

3 ビジネス文書作成上の注意点

ビジネス文書には、伝達、指示、報告、案内、記録など、さまざまな目的があり、用途によって記載する項目も変わります。また、文書の種類によってはフォーマットが決まっているものもあります。これらの文書を作成するにあたって、常に意識しなければならないのが次の「5W1H」です。

- When ：時期はいつか、時間は明確になっているか。
- Who ：誰から誰に宛てたものか。
- Where ：どこで行われるのか、どこで行われたのか。
- What ：何を伝えるのか。
- Why ：なぜ文書を発行するのか。
- How ：どのような方法・手段で行うのか。

「How」の中には、「How much」（どれくらいの費用が必要か）を含めることもあります。そのため、ビジネスでは5W1Hに「How much」を加えて「5W2H」と呼ぶこともあります。

また、ビジネス文書の文章は、情報が的確に伝わるように書かなければなりません。文書の作成にあたっては、次のような点に注意しながら進めます。

●目的と読み手を考える

- 通知、承諾、依頼、照会、勧誘、抗議など、文書の目的に沿った書き方にする。
- 社内文書か社外文書か、形式を重んじるのか略式でよいのかなどを考えて書き分ける。
- 読み手の立場に立ってわかりやすく書く。

●必要な内容を具体的に記述する

- 具体的で簡潔な標題を付ける。
- テーマを絞り込み、不要な情報を盛り込まない。
- 本文はできるだけ具体的に記述する。
- 正確なデータで事実を伝える。

●理解しやすい文章にする

- 読み手が短時間で理解できるように、結論（または最も伝えたいこと）が明確に伝わる構成にする。
- 簡潔でわかりやすい文章にする。
- 1つの解釈しかできない文章にする。
- 箇条書きを利用できる場合は、積極的に利用する。
- 表や図解、グラフを利用できる場合は、積極的に利用する。

●見やすい文書にする

- 見やすく、読みやすいレイアウトにする。
- フォーマットが決まっている文書は、それに従う。

社外向けのビジネス文書は、作成者である自分が会社の代表となります。情報を的確に伝えることはもちろんですが、礼儀にのっとり、丁寧に書くことを心がけましょう。

社内文書

社内でやり取りされる文書を「社内文書」といいます。連絡文書、報告書、企画書、議事録など、さまざまな社内文書があります。社内文書は用件の伝達を第一の目的にしており、形式的な表現や敬語などは極力省きます。この点が社外文書とは異なります。

1　社内連絡文書

社内連絡文書は、作成頻度が高くフォーマット（様式）が決まっていることがほとんどです。近年は、電子メールや社内の業務システムを利用して作成し、配信する企業が増加しています。記載する項目など基本的な内容は同じです。

2　報告書

調査報告書、事故報告書、クレーム報告書の書き方について説明します。

❶ 調査報告書

「調査報告書」は、業務に関連した調査の結果を報告する文書です。調査報告書には、「市場調査報告書」「営業調査報告書」など、さまざまなものがあります。また調査には、日常業務の中で行う場合と、上司の指示で行う場合とがあります。

調査報告書に記述する項目には、次のようなものがあります。

- 調査の主旨や目的
- 調査対象、調査先
- 調査担当
- 調査方法
- 調査項目
- 調査期間、調査日時
- 調査結果（商品動向、調査先の状況、会社への影響など）
- 総合評価（プラス要素、マイナス要素など）
- 総括
- 調査経費
- 添付資料（集計結果、アンケート結果、調査の詳細など）

調査報告書は、会社の事業計画や営業戦略に大きな影響を与えることがあります。

調査報告書は、次のような点に留意して作成します。

- 調査の主旨・目的を明確にする。
- 正確に記述する。
- 客観的な記述を心がける。事実と意見は分けて、読み手が区別できるように書く。作成者の意見は「総括」や「所感」欄の中で述べる。
- 憶測で書かず、冷静な分析を行う。
- 必要なデータを添付する。
- 調査方法や調査結果について記述する。
- 情報源を示す。ただし、特に秘匿しなければならない場合は記載しないことがある。
- 迅速でタイムリーな提出を心がける。

図1.1に、調査報告書の例を示します。

この調査報告書では、調査の目的・概要を最初に示し、調査結果の要点の一部はグラフにしてわかりやすくしています。また、店舗別収支報告やアンケート結果は添付資料とし、報告書を1枚で簡潔にまとめています。

■図1.1　調査報告書の例

2021 年 9 月 6 日

市場開拓部長

市場調査課　鈴木優里

アンテナショップでのチーズ販売動向調査報告

1. 調査の目的

　全国の中核都市におけるナチュラルチーズに対する消費動向を探り、今後の本格的なナチュラルチーズ輸入販売に向けた事業展開について検討するため、当社のアンテナショップを利用して販売動向を調査した。

2. 調査の概要

- ・　調査期間：2021 年 5 月 1 日～8 月 31 日（4 か月）
- ・　調査対象商品：国産および輸入の各種ナチュラルチーズ
- ・　調査項目：各店舗における種類別の売上高・割合、顧客ニーズ
- ・　調査方法：販売実績分析および来店したお客様に対するアンケートとヒアリング
- ・　調査実施店：金沢店・甲府店・水戸店

3. 調査結果の要点

①販売実績はどの店も好調だった。詳細は、別添の店舗別収支報告書に記載。

②来店者に対するアンケートとヒアリングによるニーズ調査からは、ナチュラルチーズを食べる機会があることが読み取れる。詳細は、別添のアンケート結果集計表に記載。

③チーズの種類別売上構成比は、次のグラフのとおり。各店ともセミハードタイプの売上構成比が最も高かった。

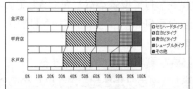

4. まとめ

- ●　各店とも予想以上の売上額を記録し、今後の全国展開に自信を持つことができた。
- ●　生活スタイルの変化により、ナチュラルチーズを食べる機会が増えており、今後の市場拡大につながっていくものと思われる。

5. 添付資料

①店舗別収支報告書

②アンケート結果集計表

以上

第1章
第2章
第3章
第4章
第5章
第6章
第7章
第8章
模擬試験
付録1
付録2
索引
資料

❷ 事故報告書・トラブル報告書

「事故報告書」や「トラブル報告書」は、事故や災害、システム障害が起こったときに、その被害・損害の状況を報告する文書です。

事故報告書に記述する項目には、次のようなものがあります。

- 発生日時、期間、対応日時
- 場所
- 当事者名
- 対象製品・商品
- 事故の内容・状況・経過
- 事故の原因
- 処置、対策
- 損害、損傷
- 現場の対応
- 影響
- 緊急度
- 事故対策（暫定、恒久、再発防止策）
- 所感
- 添付資料

トラブル報告書では、システム障害が及ぼす影響なども記載します。

事故報告書やトラブル報告書は、次のような点に留意して作成します。

- 客観的な事実を簡潔に正確に記述する。
- 原因が明確でない場合は、予測される原因を記述する。
- 原因の究明に時間がかかるときは、その旨を記載する。
- 現在の状況（問題は解決したのか、復旧中なのかなど）を記述する。
- 自己弁護、責任転嫁ととられる記述は控える。
- 「所感」欄を設けて反省点などを記入してもよい。
- 状況を図や写真で示したほうがわかりやすいときは、故障箇所などを示す図や写真を添付する。
- 報告に必要な資料があれば添付する。
- 同様の事故やトラブルを起こさないための対策も、報告書作成時点でわかれば記述する。

図1.2に、記書きの形式でまとめた事故報告書の例を示します。

不良品事故の報告書では、まず現時点での状況・対応・対策を具体的に的確に記述します。「対策」では緊急に何を行ったのかを記述し、今後、本格的に行う対策の内容は別に報告します。

2021 年 9 月 1 日

品質連絡会議メンバー各位

品質保証課　山本芳夫

不良品発生報告書

　9 月 15 日出荷予定の、A 社位置決め装置「ASP-M-S1」用の小型サーボモーター「KS51510 シリーズ」につき、下記のとおり一部不良品が発見されました。以下に状況と対策を報告します。

記

1. 状況
　9 月 15 日出荷予定の「KS51510 シリーズ」を検査したところ、一部に出力トルクが不足している製品を発見。再度、検査をしたところ、次のとおり不良品が発見された。
　　　①KS51510-V001　　検査数 200 個　　不良品 4 個
　　　②KS51510-V002　　検査数 150 個　　不良品 2 個
　　　③KS51510-V003　　検査数 300 個　　不良品 1 個

2. 対応
(1)　サーボモーター製造ラインをストップして、原因究明のための総点検を実施中。
(2)　「KS51510 シリーズ」の一部の部品は外部の協力会社 B 社で生産しているため、当課の検査員が B 社を訪問して、現在、製造ラインの検査を行っている。

3. 対策
　本日、9 月 1 日中に原因が究明できない場合は、明日（9 月 2 日）当社の製造ラインを稼働させ完成した製品を全数検査し、良品だけを A 社に納品する。なお、A 社への 9 月 15 日の納品数は、次のとおりである。
　　　①KS51510-V001　　　　500 個
　　　②KS51510-V002　　　　750 個
　　　③KS51510-V003　　　　900 個

以上

❸ クレーム報告書

「クレーム報告書」は、消費者やユーザー、取引先からクレームが寄せられたときに、関係部署に報告する文書です。商品を改良しサービスを向上させるための情報源の1つとして、クレーム報告書を利用することもあります。

クレーム報告書は、次のような点に留意して作成します。

- クレームの内容や発生日時、発生場所、原因を記述する。
- クレームの内容は、客観的な視点で具体的に記述する。
- どのような対応・処理をしたのかを記述する。可能であれば、今後の防止策なども記述する。
- 氏名、社名、住所、電話番号などの連絡先の情報を記入する。

図1.3に、表形式でまとめたクレーム報告書の例を示します。

■図1.3　クレーム報告書の例

2021 年 9 月 15 日

品質会議メンバー各位

承認	作成
総務課長	総務課
山田印	鈴木印

クレーム報告書

クレーム発生日時	2021 年 9 月 14 日（火）14:30	
受付者	総務課お客様相談係　鈴木太郎	
受付方法	電話	
お客様の詳細	お客様名	日商マニュファクチャー株式会社 購買部　佐藤進一様
	連絡先	〒950-0078　新潟市中央区万代島 X-X-X TEL：025-111-XXXX FAX：025-111-XXXX E-mail：shinichi.sato@nisshomanufacture.xx.xx
クレーム内容	□商品　　□対応　　□納期 ■その他（配送ミス　　　　　　　　　　　　　　　　　）	
対象製品	梱包材料（型名：AA-B001）　30 箱（9 月 14 日納品分）	
クレームの詳細	日商マニュファクチャーの A 工場に納品すべき梱包材料が B 工場に配送された。半年前にも同様のミスがあり、問題が改善されていない。	
対応内容	・クレームを受けた時点で先方にお詫びした。 ・ただちに A 工場に配送し直す旨の意向を伝えたところ、すでに転送したのでその必要はないとのことであった。 ・至急再発防止策をまとめ、謝罪かたがた持参する旨を伝えた。	
今後の対策	・顧客クレーム対応手順書に従って、原因の究明と再発防止策をまとめる（9 月 16 日の予定）。 ・再発防止策をお客様に書面で提出する（9 月 18 日の予定）。 ・誤配送の発生元と思われる配送課に、再発防止を徹底させる。	

3 提案書・企画書

「提案書」は、日常業務の効率を上げるためにアイデアを提供する文書で、「企画書」は、新規事業やイベントの企画を示し、実現を図る文書です。提案書と企画書は区別しないこともありますが、ここでは分けて説明します。

提案書・企画書はビジネス文書に含まれます。しかし、一般のビジネス文書と比べると、かなり性格が異なります。一般のビジネス文書は業務に直接必要な事柄を扱います。それに対し、提案書・企画書の内容は、業務としてはまだ行われておらず、提案書・企画書が採用されて初めて業務や業績に結び付きます。また、提案書・企画書には決まったフォーマットがないことが多く、案件ごとに作ることが多いものです。

社内向けの提案書・企画書の対象には、次のようなものがあります。

●改善を対象とするもの

業務内容やプロセスの改善、業務システムの改善、経営戦略・営業戦略の改善・改革などに関する提案・企画です。

●開発を対象とするもの

新商品、新規事業、新システム構築などに関する提案・企画です。

●営業を対象とするもの

販売促進、商品の改良など、営業・販売の拡大に結び付く提案・企画です。

❶提案書

日常の仕事に対して不便さや能率の悪さを感じたとき、その改善策を示し、予想される効果などを記載します。提案書の書き方には特に決まったフォーマットはなく、記載する項目も内容に合わせて選びます。

提案書に記載する項目には、次のようなものがあります。自分の提案する内容に必要なものを選んで記述します。

- 提案概要（主旨、理由、提案意図、目的、課題など）
- 対象
- 提案の背景
- 基本方針
- 基本戦略
- 提案のポイント
- 実施時期
- 現状分析
- 解決策、改善策など提案の具体的内容
- 実施要領
- 展開の骨子
- 効果の予測
- 費用
- スケジュール
- 添付資料

図1.4に、提案書の例を示します。

■図1.4　提案書の例

2021 年 9 月 15 日

経営企画委員各位

業務改善プロジェクト
リーダー　山本奈々未

デジタル化推進プロジェクト新設の提案

1. 提案主旨・背景
　現在、ビジネス環境が大きく変わり、生産性向上や業務の体験価値向上が求められている。しかし、従来の業務の見直しが十分に行われておらず、デジタル化が進んでいない。

2. 目的
　全社的なデジタル化推進のために、各職場のリーダーによる横断的プロジェクトを新設し、デジタル化への理解を深め、業務改革を推進する。

3. 提案内容
- 全社でリーダーに呼びかけ、参加を希望するリーダーによるプロジェクトチームを新設する。活動期間は、2021 年 10 月 1 日から 2022 年 3 月 31 日とする。
- 2 週間に 1 度、オンラインシステムを活用して勉強会や会議を行う。
- 以下のように知識習得と、プロジェクトによる実践の 2 つの取り組みを合わせることで、業務への活用を推進する。

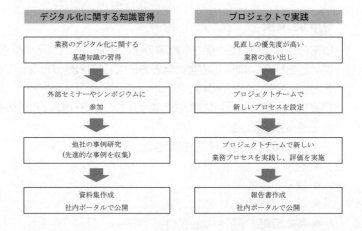

4. スケジュール
　2022 年 3 月末に成果として資料集と報告書を発表し、次の段階へと進める。

以上

❷ 企画書

企画書の役割は、企画した内容の必要性を認めてもらい、実現することにあります。そのためには、企画の内容そのものを重要視するだけでなく、説得力のある理解しやすい表現にして、企画内容を理解してもらうよう作成します。

●企画書の作成手順

企画書は、次のような手順で作成します。

 1 企画の根拠となるニーズを明確にする

 2 企画のコンセプトを明確にする

 3 企画書の骨格を作る

 4 情報や資料を集める

 5 企画書全体の構想を練り、作成方針を決める

 6 目次を作る（必要な項目は提案書の記載項目とほぼ同じである）

 7 内容を書く

8 読みやすいようにレイアウトを整える

●企画書作成のポイント

企画書は、次のような点に留意して作成します。

- 主旨・目的を明確にする。
- 企業や組織にどのような効果をもたらすのかを明確にする。
- 説明に一貫性を持たせる。
- 論理の展開に矛盾がないようにし、内容の整合性を図る。
- 全体の構成を論理的に組み立てる。
- ポイントをわかりやすく示す。
- 曖昧な書き方をしない。
- 根拠になるデータを示す。
- 図解や表を活用して説明する。
- 専門用語や業界用語、一般的でないカタカナ語を不用意に使わない。
- 読み手の視点でメリットを伝える。
- 実現するために必要な技術、担当者、費用を明示する。
- スケジュールを示す。

第1章
第2章
第3章
第4章
第5章
第6章
第7章
第8章
模擬試験
付録1
付録2
索引
資料

図1.5に、企画書の例を示します。

■図1.5　企画書の例

2021 年 9 月 15 日

販売促進部　中村部長

企画部開発課　内田　薫

表参道店　店舗リニューアル企画

　かねてより懸案事項であった表参道店のリニューアルに関して、以下のように企画し、提案いたします。ご検討をよろしくお願いします。

1. 企画の主旨・目的
　表参道店は開店から 10 年が経過し、売上が低迷している。店舗の活性化を図ることを目的として、新製品を中心とした大幅な店舗リニューアルを実施することで、集客力のアップと顧客の固定化を図り、業績回復を実現する。

2. 現状の問題点
　店舗のデザイン、品揃えともに新しさがなく、若者や女性客を集客できていない。また、新製品など注目を集める製品のアピールも弱い。オーガニック製品など安心して活用できる製品シリーズの売れ行きも芳しくない。

3. 店舗リニューアルの方針
- 競合店との差別化を図る。キーワードは、新しさ、楽しさ、安心感とし、センスがあり、自分らしい生活スタイルを求める若者、女性をターゲットとする。
- 店舗リニューアルの基本コンセプトは、下図のように「新しさ」「楽しさ」「安心感」の一体化とする。

1

---

4. 具体的施策
(1) 品揃え
- 新製品を中心とする。
- オーガニックシリーズなどを充実させる。

(2) 製品陳列
- 陳列棚をナチュラルな色合いに変える。

(3) 内装・レイアウト
- 意外な発見があるような、ストーリー性のあるコーナーを作る。
- 若々しく、エネルギーを感じさせる色合いを活用する。

(4) 接客とサービス
- 新製品の面白さ、アイデアを伝え、体験してもらう。
- SNS で活用例を発信する。

5. リニューアル予算
　総額 5 千万円（詳細は別紙）

6. スケジュール
　リニューアル工事期間は 1 か月とし、休業期間中はリニューアルオープンに備えた製品理解などの取り組みを行う。

10 月	11 月	12 月
詳細企画	リニューアル工事	リニューアルオープンイベント
	製品の選択、全店員の再教育、リニューアルの告知方法の立案	

以上

2

4 稟議書

「稟議書」は提案書の一種で、決定権者に決裁を求めるための社内文書です。稟議書の内容は、ある金額以上の物品の購入申請、修理申請、仕事の改善策、人事関係など多種多様です。会議を開かずに、決まった順に回覧して承認をとります。

ビジネスでは、稟議書による決裁は、会議を開催し決議した場合と同じ効果があります。「**起案書**」「**伺い書**」「**決裁書**」などと呼ぶこともあります。会社によってフォーマットが決められていることが多く、それに従って作成します。

稟議書は、次のような点に留意して作成します。

- 決裁が必要な内容と同時に、決裁が必要な理由・根拠も記述する。
- 得られる効果を、数字を用いて具体的に示す。
- 設備やシステムの導入の場合は、必要な費用も記述する。
- 提案内容を裏付けるデータがあれば添付する。
- 担当部署や担当者を記入する。
- 実現までのスケジュールについても記載する。

図1.6に、稟議書の例を示します。

稟議書の「**内容・要旨**」では必要な項目を簡潔に記述し、詳細な資料は添付して必要なときだけ参照すればいいようにします。フォーマットには、「**受付番号**」「**決裁区分**」「**決裁の可・否・保留**」「**決裁条件**」など、決裁に関連した項目を網羅しておくと記入しやすくなります。また一般に、この例のように起案部門と合議先は明確に分けて示します。合議先の部門名が固定しているときは合議先欄にその部門名が入っていますが、内容によって変わるときはその都度記入します。

第1章　ビジネス文書

稟議書

2021 年 9 月 15 日

件名	カラー複合機の購入					
決裁区分	社長　　　　担当役員　　　　部長				受付番号	
起案部門	総務部 施設課	部長	課長	起案	受付部門	
					受付者	
		齋藤印	渡辺印	中村印	決裁	可 否 保留
連絡先	中村一郎（内線：1234　E-mail：ichirou.nakamura@xx.xx）					
決裁希望日	9 月末日					

<table>
<tr><td rowspan="1">内容・要旨</td><td>

下記のとおり、カラー複合機購入の許可をいただきたく、よろしくお願い申し上げます。
記
1. 品名：カラー複合機「CLF-7700」（日商オフィス機株式会社製）
2. 購入先：日商事務機販売株式会社
3. 数量：1 台
4. 価格：104 万円
5. 購入希望時期：2021 年 11 月
6. 購入理由・効果：
　①プレゼン資料などのカラー出力が増加しており、現在のインクジェットプリンターでは
　　印刷に時間がかかる。また、1 枚当たりの単価も高い。
　②カラー複合機を購入すれば約 5 万円節約でき、時間も短縮できる
　　（詳細はコスト計算書参照）。
　③スキャン機能を活用し、デジタル化を進めることができる。
7. 選定理由：添付資料参照
8. 添付資料
　①コスト計算書
　②機種選定理由
　③カラー複合機「CLF-7700」の仕様

</td></tr>
</table>

合議先							

合議者コメント記入欄

決裁条件

5 会議資料

会議に関連した資料には、会議通知状、事前配付資料、議事録などがあります。

❶ 会議通知状

「会議通知状」は、会議の開催を知らせる文書です。現在は電子メールで知らせることが一般化していますが、記載する項目は紙の文書でも同じです。
会議通知状に記載する項目には、次のようなものがあります。

- 会議開催日時（年月日、開始時刻、終了時刻）
- 会議開催場所
- 会議名（ミーティングタイトル）
- 議題
- 会議の目的
- 会議開催の背景説明
- 会議の目標（何を決めたいか、どこまで決めたいか）
- 当日の会議の進め方、具体的にしたいこと
- 事前配付資料があれば添付（P.28参照）
- 参加者の持参資料があれば記載
- 会議までの準備事項があれば記載
- 議長名（必要があれば記載）
- 記録担当者名
- 参加者名（宛名を見れば参加者がわかるので省略してもよい）

図1.7に、会議通知状の例を示します。
会議通知状は「記書き」を使って、内容を簡潔に伝えます。議題の背景や事前準備について記載されていると関係者の理解が進み、会議の進行が効率よく行えます。

2021 年 8 月 27 日

業務改善委員各位

総務課長　佐々木一実

９月度業務改善定例会議開催のお知らせ

標記の件、下記のように開催します。よろしくご参集ください。

記

日　時	9 月 14 日（火）10:00〜11:00
場　所	本社 3C 会議室
議　題	社内コミュニケーションシステム利用の課題と改善策
議題の背景	社内コミュニケーションシステムは日常業務に不可欠なツールになっているが、生産性の向上のためには、以下のような課題もあることがわかってきた。そこで、実態を調査し、ルール作りや社内教育の検討を行う必要があるため、議題として取り上げる。

- 整理をせずに投稿をする人がおり、膨大な投稿を読むのに時間がかかっている。
- ファイル添付や本文での貼り付けなど、人によって資料の共有方法がばらついている。
- ルームの開設やアクセス権限設定に、明確なルールがない。
- コミュニケーションシステムの利用への慣れにばらつきがある。
- 操作方法やルールを示した社内マニュアルを作成し、利用の際に参照するように指導すべき。

事前準備	当日までに、職場ごとに以下の内容についてまとめておくこと。

①情報共有のルールをどのように周知しているか。
②ファイル添付や引用、参照情報などの扱いについて問題がないか。
③利用方法とルールを徹底するための社内マニュアルに盛り込んでほしい情報があるか。

以上

担当：清水香帆（内線：111　E-mail：k_shimizu@xxxxx.xx.xx）

❷ 事前配付資料

議題の検討が円滑に進むように、あらかじめ会議の資料を準備しておいて会議開催の当日または事前に配ることがあります。

事前配付資料は、次のような点に留意して作成します。

- ● ページ数を絞って簡潔にまとめ、短時間で目を通せるようにする。
- ● 要点はできるだけ箇条書きで示す。
- ● 表やグラフで示せる数値は、それらを使って示す。
- ● 複雑な関係や概念はできるだけ図解を使って示す。
- ● 強調したい箇所は、線を引いたり書体を変えたりして目に留まりやすくする。
- ● 会議の席で説明すれば済むような補足的な事項は省略する。

第1章
第2章
第3章
第4章
第5章
第6章
第7章
第8章
模擬試験
付録1
付録2
索引
資料

❸ 議事録

「議事録」は、会議やミーティングの記録をまとめたものです。比較的小規模な打ち合わせの結果をまとめたものは「会議報告書」と呼ばれることもあります。ここでは区別をしないですべて議事録として説明します。

● 議事録の役割

議事録の役割には、次のようなものがあります。
- 議事内容の確認ができる。
- 出席していない関係者に、会議内容を伝えることができる。
- 会議の内容が記録として残るため、あとで関係者の曖昧な記憶で混乱を引き起こすことがなくなる。
- 決定事項と未決事項がわかる。
- 出席者の共通認識が得られ、情報が共有できる。
- 誰が何をいつまでにしなければならないかが明確になり、次の行動につながる。

● 議事録作成のポイント

議事録は、次のような点に留意して作成します。
- フォーマットが決められている場合は、そのフォーマットを使用する。
- 短時間で作成して配付する。
- 箇条書きを活用する。
- 中立の立場で公正に客観的に書く。
- 具体的に書く。
- 正確に記録する。
- 発言のすべてを記録するのではなく、討議事項の要点だけを簡潔に記録する。
- 決定事項（結論）や未決事項など、討議内容のポイントが理解しやすいように書く。
- 配付する前に、会議の議長、上司などに見てもらう。
- 必要に応じて記載する事項
  - ・決定までのプロセス（討議の経過、出た意見、賛成・反対意見、反対意見を否決した理由など）を書く。
  - ・理由、根拠、問題点などを書く。
  - ・少数意見を書く。
  - ・発言者名を記載する。

●議事録に記載する項目

議事録に記載する項目には、次のようなものがあります。

- 会議名（ミーティングタイトル）
- 議題
- 開催年月日、開催時間、開催場所、開催方法
- 出席者名（役職が上位の者から順に記し、同列の場合は五十音順に記入する。社外からの出席者がいる場合は、社名も記入する。）
- 記録者（部署名、役職、氏名）
- 開催主旨
- 議事
- 討議事項（討議内容）
- 決定事項、未決事項（保留事項、継続審議事項）
- 実施項目は、誰がいつまでに行うかを明記

以下の項目は、必要に応じて記載します。

- 司会者名または議長名
- 欠席者名（委員会などの会議では、欠席者名を記入することがある。）
- 途中出席者名・退席者名
- 決定の理由・根拠
- 否決の理由
- 発言者名
- 質疑応答の内容
- 討議の経過、出た意見、賛成・反対意見、少数意見
- 問題点
- 今後に残された課題
- 特記事項
- 配付資料
- 次回会議の開催年月日・時間
- 次回の会議で予定している内容
- 次回の会議までに準備する資料など

図1.8に、議事録の例を示します。
この例では「**議事概要**」で3つの議事があることを示し、「**議事内容**」でそれぞれの議事について決定したことや担当者を示しています。

■図1.8　議事録の例

９月度業務改善定例会議議事録

●日　時：2021 年 9 月 14 日（火）10:00〜11:00
●場　所：本社 3C 会議室
●議　題：社内コミュニケーションシステム利用の課題と改善策
●出席者：石田課長（法務室）、内田課長（人事課）、中田主任（経理課）、
　　　　　西山主任（広報課）、根岸主任（情報システム課）、佐々木課長、植村主任、
　　　　　多田、根岸（以上、総務課）、清水（総務課、記録）

■議事概要
　1.　社内コミュニケーションシステム利用の実態と課題の確認
　2.　文書管理や投稿のルール作り
　3.　社内マニュアル作成

■議事内容
●社内コミュニケーションシステム利用の実態と課題の確認
　● 整理をせずに投稿をする人がおり、膨大な投稿を読むのに時間がかかっている。
　● ファイル添付や本文での貼り付けなど、所属の部署や個人によって資料の共有方
　　 法が統一されていない。そのため資料整理に手間と時間がかかっている。
　● ルームの開設やアクセス権限設定に、明確なルールがない。
　● コミュニケーションシステムの利用への慣れにばらつきがある。

●文書管理や投稿のルール作り
　総務課が中心となり、文書管理の在り方とルールの素案を作成する。
　（担当：総務課多田・根岸、期限：9 月 22 日）

●社内マニュアル作成
　● 慣れていない人や異動になった人も、使い方とルールがわかるように文書化する。
　● 社内マニュアルを使った講習会を開催し、リテラシーを高める（企画担当：情報シ
　　 ステム課、次回の定例会議で内容案を示す）。

●次回定例会議予定
　10 月 20 日（水）15:00〜16:00

以上

●議事録の配付

会議が終わったら、速やかに議事録を作成します。作成したら、出席者全員、出席するはずだったが欠席した人、会議の決定内容に関係がある人に対して配付します。近年は、議事録を紙で配付することは少なくなり、多くの場合は電子メールで送信したり、社内システムやサーバーの保存場所にデータを置いたりして、必要な人が閲覧できるようにしています。

6 そのほかの社内文書

社内文書には、ここまでに取り上げたもの以外に、次のような種類があります。

- 手順書
- 指示書
- 通達書
- 通知書
- 上申書
- 始末書
- 記録書
- 届出書
- 自己申告書
- 規定書
- 規則書
- 協約書

近年、これらの文書は社内システムの中に保存される例が増えており、電子文書として閲覧、利用されています。

第1章
第2章
第3章
第4章
第5章
第6章
第7章
第8章
模擬試験
付録1
付録2
索引
資料

STEP 4 社外文書

企業は、日々の活動を通じてさまざまな取引先や顧客と文書のやり取りを行っています。それらのやり取りで使われる文書が「社外文書」です。社外文書はビジネスに直結する影響が大きい文書ですから、慎重に作成しなければなりません。個人としてではなく、会社の立場で、相手に対する礼儀を十分にわきまえて書くことが求められます。発信者名が上司や組織の場合は、発信する前に必ず上司の承認をとります。

社外文書には一定のフォーマットがあります。社外文書を作成するときは、そのフォーマットに従って作成します。

1 社外文書に使われる用語や表現

社外文書は、言葉づかいに注意して書きます。慣用語を適切に使い、尊敬語や謙譲語を正しく使います。社外文書でも案内や挨拶状、礼状は、特にフォーマルな表現が使われます。ビジネス文書では日付を西暦で表すことが多くなっていますが、これらの文書では和暦も使われます。

相手には
尊敬語

自分には
謙譲語

① よく使う慣用語

社外文書では慣用語がよく使われます。内容に合った適切なものを使うようにしましょう。これらの慣用語は常に使わなければならないというものではなく、場合によっては独自の表現を使ってもかまいません。具体的なシチュエーションを入れたほうが、より気持ちが伝わりやすくなることもあります。また、電話や電子メールで頻繁にやり取りするような相手に、あまり形式ばった表現をするのは違和感があります。

社外文書でよく使われる慣用語を、表1.1に示します。

■表1.1　社外文書の慣用語

内容	慣用語の例
断り	誠に心苦しい次第ですが~ 誠に残念ですが、お断り申し上げます。 誠に遺憾ながら、貴意には沿いかねます。あしからずご了承ください。
お詫び	ご了承賜りますようお願い申し上げます。 まずは取り急ぎ書中をもってお詫びかたがたご返事まで。
照会	まずはご照会申し上げます。 ご多忙中、恐縮ではございますが、何とぞご開示賜りますようお願い申し上げます。
回答	取り急ぎご回答申し上げます。 標記のご照会につき、下記のとおりご回答申し上げます。
依頼	まずは書面にてお願い申し上げます。 何とぞ事情をご賢察のうえ、ご協力賜りたく存じます。
承諾	取り急ぎ承諾のご連絡まで。 取り急ぎ御礼かたがたお引き受けのご回答まで。
通知	とりあえず~についてご通知いたします。 取り急ぎご一報申し上げます。
案内	まずは御礼かたがたご案内まで。 何とぞお繰り合わせのうえ、ご来臨くださいますようご案内申し上げます。
確認	まずは念のため、ご確認申し上げます。 取り急ぎお確かめくださいますようお願い申し上げます。
督促	ぶしつけではございますが、至急ご対応のほどお願い申し上げます。 事情ご賢察のうえ、ご高配のほどお願い申し上げます。
挨拶	まずは略儀ながら、書中をもってご挨拶申し上げます。 本来なら参上いたし、直接ご挨拶申し上げるべきところ、略儀ながら書中にて失礼いたします。 ご自愛のほどお祈り申し上げます。

② よく使う動作を表す尊敬語と謙譲語

社外文書の中で、敬語は正しく使う必要がありますが、使い慣れないと間違える場合があります。また、過度に敬語を使うとかえっておかしな印象を与える場合もあります。敬語を使う場合は、自分と相手の関係に適した表現を使います。

表1.2に社外文書でよく使われる動作を表す敬語を示します。

■表1.2　動作を表す敬語

動詞	丁寧語	謙譲語	尊敬語
する	します	いたす	なさる される
居る	います	おる	おられる いらっしゃる おいでになる
言う	言います	申し上げる 申す	おっしゃる 言われる
見る	見ます	拝見する	ご覧になる 見られる
行く	行きます	伺う　参る 上がる　お伺いする	いらっしゃる　行かれる お出かけになる
来る	来ます	伺う 参る	いらっしゃる　お見えになる お越しになる　おいでになる
思う	思います	存じる 存じ上げる	思われる お思いになる
聞く	聞きます お尋ねします	伺う 承る 拝聴する	お聞きになる お尋ねになる 聞かれる
会う	会います お会いします	お会いする お目にかかる	お会いになる 会われる
食べる	食べます	いただく　頂戴する ごちそうになる	召しあがる お食べになる
与える	与えます あげます	差し上げる	くださる　賜る お与えになる
もらう	もらいます	いただく 頂戴する	お納めになる　受け取られる お受け取りになる
受ける	受けます	いただく 賜る　あずかる	お受けになる 受けられる
知る	知ります	存じ上げる	お知りになる
読む	読みます	拝読する	お読みになる 読まれる

2 連絡文書

社外向けの連絡文書には、通知状、案内状、照会状などがあり、フォーマットが決まっています。ここでは、通知状と案内状の例を示します。

❶ 通知状

「通知状」は、発信者側の事情や状況、決定事項を一方的に社外の顧客や取引先などの関係者に知らせる文書です。組織変更、トップ交代、入出荷、入送金、支払日や支払い方法の変更、価格改定、営業時間変更など、多岐にわたります。

通知状は、次のような点に留意して作成します。

- 5W1Hを明確にする。
- 主文では主旨を簡潔に記述し、具体的な内容は記書きの中の箇条書きで示す。
- 曖昧な内容にならないように注意する。
- 発信者側の考えや決定事項を正確に伝える。
- 内容によっては、理由や背景の説明も行う。
- 一方的に発信する文書なので、丁寧な文章表現になるように心がける。
- 事務的に内容を伝えるだけではなく、日ごろの取引に対する感謝の気持ちも伝える。

図1.9に、通知状の例を示します。

この例はすべて文章で伝える形式で書いていますが、内容によっては記書きにして、従来との違いを対比させながらわかりやすく示すなどの工夫も必要になります。

■図1.9　通知状の例

2021 年 9 月 1 日

取引先各位

日商ロジステックス株式会社

代表取締役社長　山本功一

配送価格改定のお願い

拝啓　新秋の候、貴社ますますご清祥の段、お慶び申し上げます。平素は格別のお引き
立てをいただき、厚く御礼申し上げます。

　さて、貴社からご用命いただいております配送業務につきましては、弊社では過去 5
年間にわたり、経営の合理化を図り流通コストの削減に努めながら、配送料金を据え置
いてまいりました。しかしながら、昨今の諸経費の上昇により、もはや企業努力のみで
はコストアップ要因を吸収することは非常に困難な状況となってまいりました。
　つきましては、誠に不本意ながら、配送料金を別紙見積書のとおり改定させていただ
くことになりました。何とぞ諸般の事情をご賢察のうえご了承賜りますようお願い申し
上げます。

　後日あらためましてご連絡を差し上げ、担当者を差し向かわせ詳細のご説明をさせて
いただきたく存じます。よろしくご高配を賜りますようお願い申し上げます。
　まずは、取り急ぎ、書中をもって配送価格改定のお願いまで。

敬具

❷案内状

「案内状」は、社外の人に、イベントや新製品の発表資料の送付などの案内をし、読み手に確認してもらうための文書です。行動してもらうための念押しの意味合いも含んでいます。案内状は、次のような点に留意して作成します。

- 標題は、「〜の案内状」「〜のご案内」など、何に関する案内なのかが一目でわかるようにする。
- 5W1Hを明確に示す。
- 読み手に確認してもらうための文章なので、丁寧な表現にする。
- 具体的な内容は、記書きの中の箇条書きで示す。

図1.10に、案内状の例を示します。

■図1.10　案内状の例

令和 3 年 9 月 15 日

日商サービシズ株式会社
施設部長　小野一郎様

XYZ システムズ株式会社
営業本部長　柳田秀佳

「下半期製品内覧会」のご案内

拝啓　仲秋の候、貴社いよいよご清祥のこととお慶び申し上げます。平素は格別のご高配を賜り、厚く御礼申し上げます。
　さて、おかげさまで「下半期製品内覧会」を下記のように開催する運びとなりました。
　今年は特に、デジタル社会実現に向けた業務システムとセキュリティー対策関連の最新製品とソリューションの内覧会になっております。
　何かとお忙しい時期かと存じますが、多数ご来場のうえ、弊社技術の日ごろの成果をご高覧いただきたいと存じます。
　まずは略儀ながら、書中にてご案内申し上げます。

敬具

記

1. 開催日時　　令和 3 年 10 月 4 日（月）
　　　　　　　午前 10 時〜午後 5 時
2. 会場　　　　ABDX カンファレンススペース 205
　　　　　　　※会場につきましては、同封の案内図をご覧ください。

以上

第1章
第2章
第3章
第4章
第5章
第6章
第7章
第8章
模擬試験
付録1
付録2
索引
資料

3　依頼書

「依頼書」は、社外の人に対して何かをしてもらいたいとき、お願いするために出す文書です。「依頼状」とも呼ばれます。お願いする姿勢を丁寧に伝えることが必要です。

依頼書は、次のような点に留意して作成します。

- 標題は「〜のお願い」のようにして、依頼したい内容がストレートに伝わるようにする。
- 礼儀をわきまえた丁寧な文章を心がける。
- 相手の事情や都合を考慮し、謙虚な姿勢を示す。

図1.11に、依頼書の例示します。

■図1.11　依頼書の例

2021 年 9 月 28 日

お客様各位

日商システムズ株式会社

企画部長　木村一郎

弊社商品アンケートのお願い

拝啓　秋雨の候、貴社ますますご盛栄のこととお慶び申し上げます。平素は格別のお引き立てをいただき、厚く御礼申し上げます。

　さて、このたびは私どもの商品「セキュリティーナビオフィス」をお買い上げいただきまして、心より御礼申し上げます。

　私どもは、より良い商品を開発するため常にお客様の声に耳を傾けていきたいと考えております。そこでこのたび、「セキュリティーナビオフィス」の全ユーザーを対象に、アンケートを実施することにいたしました。

　本調査の趣旨をご賢察のうえ、ご協力賜りますようお願い申し上げます。ユーザーの皆様の率直なご意見をいただけましたら幸いです。

　なお、ご回答のアンケート内容は調査以外の目的には使用いたしません。安心してご協力いただきたく存じます。

　ご多忙の折、恐縮ではございますが、ご協力のほど何とぞよろしくお願い申し上げます。

敬具

記

同封書類

　1. アンケート調査票　　　　　　　　10 部

　2. 返信用封筒　　　　　　　　　　　10 部

※誠に勝手ではございますが、ご回答は 10 月 15 日までにご返信いただきたくお願い申し上げます。

以上

4 　提案書・企画書

社外に向けた提案書・企画書は、その提案や企画そのものを買ってもらおうという営業的な意味合いが強い文書です。自分のアイデアを相手にわかりやすく、賛同してもらえるような文書にします。

社外向けの提案書・企画書の対象には、次のようなものがあります。

●営業を対象とするもの

販売促進、商品の改良など、営業・販売の拡大に結び付く提案・企画です。

●企画そのものを対象とするもの

提案営業で提出する提案・企画や企画そのものを売り込むためのものです。

提案書・企画書に記載する項目や企画書作成の手順、企画書作成のポイントに関する考え方は、P.20〜23に示した社内向けの提案書・企画書と同じです。

5 　そのほかの取引に関する社外文書

これまでに示した社外文書以外にも、報告書、注文状、照会状、回答状、抗議状など、取引に関する文書には多くの種類があります。これらの一部は紙から電子メールやデジタル化した文字に置き換えられつつありますが、考え方の基本は紙でもデジタルでも変わりはありません。

❶ 報告書

社外向けの「報告書」には、定期的な報告書と業務成果に関する報告書があります。

●定期的な報告書

定期的に社外に向けて発信する文書には、決算報告書のようなものがあります。定期的に発行する報告書は、できるだけフォーマットを統一します。そうすることで、必要な項目を継続して比較検討しやすくなります。

●業務成果に関する報告書

業務成果に関する報告書には、顧客に提出する調査報告書やプロジェクトに関する報告書などがあります。内容の正確さや客観性は社内向けの報告書と同じですが、情報を整理し相手のニーズに合わせてどこを丁寧に記述し、どこを省略するのかを考えます。そのためには、相手のニーズを的確に把握することが重要です。

❷ 注文状

「注文状」は、相手が提供する商品やサービスを購入するための事務手続きの文書です。「申込状」とも呼ばれます。何を、いくつ、どこに、いつまでに納品してほしいとか、支払い条件はどうなっているかといった内容を記書きで記入します。発注する先の会社に、注文書、発注書など、注文のための文書が用意されているときはそれを使用します。注文状は、注文書や発注書を補完するために用います。

注文状は、次のような点に留意して作成します。

- 商品名、数量、価格、納品場所、支払い条件などを、漏れなく記載する。
- 発行する部門名と責任者名を明記する。

❸ 照会状

「照会状」は、不明点や疑問点を問い合わせしたいときに発行する文書です。

照会状は、次のような点に留意して作成します。

- 照会の目的や理由を具体的に書く。
- 箇条書きにして相手が対応しやすいように配慮する。
- 失礼にならないように丁重な書き方をする。

❹ 回答状

「回答状」は、社外からの照会状に対する返事の文書です。

回答状は、次のような点に留意して作成します。

- 照会内容をよく確認し、早急に回答する。
- 照会状に対して、すべての項目に回答しなければならないということではない。ただし、答えられないときはその理由を明記する。
- すぐに回答できない場合は、回答に要する日数を明示する。
- 照会の目的によっては、回答の仕方を考える。
- 回答状の標題は、何に対する回答なのかがわかるように照会状と同じものにして、標題の最後に「（ご回答）」と入れる。
- 問い合わせがあった内容以外のことは書かない。
- 頭語は「拝復」を使い、結語は「敬具」とする。

❺ 督促状

「督促状」は、約束事を守らず金銭の支払いなどを求める請求状を出しても効果がない場合に、より強硬な内容にして出す文書です。督促状を何度出しても効果がないときは、最終的には法的な手段を講じることもあります。法的措置を取る直前に出す督促状は、「通告状」と呼ばれます。

督促状は、次のような点に留意して作成します。

- 事実関係を明確に記述する。
- 支払い方法、期限などをはっきり示す。
- こちらの事情を訴え、困っていることなどを書く。
- 言葉づかいに注意し感情的にならないように穏やかな表現にする。
- 敬語は礼を失しない程度に簡略化し、過剰な敬語は避ける。

❻ 苦情状

「苦情状」は、相手のミスが原因で損害を被ったときに解決を求めて発行する文書です。

苦情状は、次のような点に留意して作成します。

- どのような損害を受けたのか具体的に記述する。裏付けとなるデータがあれば添付する。
- 相手にどうしてほしいのかを提示する。
- 相手を非難するような文言は入れないで、解決を促すように書く。
- 頭語を書く場合は「前略」を使い、結語は「早々」とする。挨拶文は書かない。

❼ 抗議状

「抗議状」は、明らかに相手の過失で損害を受けたときや、相手が法律に違反したために損害を受けたときに出す抗議の文書です。苦情状よりも強い意味合いを持った文書です。契約不履行、違法行為、商標権や営業権の侵害などに対して発行します。
抗議状は、次のような点に留意して作成します。

- 事実を確認し、冷静に客観的な立場で抗議する内容を明確に書く。
- 発信者側の正当性を示し、希望する処置を具体的に書く。
- 丁寧に、かつ決然とした態度で強く要請する。
- 内容証明、配達証明郵便で送ることが多い。

❽ 反論状

「反論状」は、苦情や抗議の内容が誤解に基づくものであったり、不当な要求や抗議であったりした場合に、その内容を正して認めさせるための文書です。「反駁状」とも呼ばれます。
反論状は、次のような点に留意して作成します。

- 決然とした態度できちんと論拠を示す。
- 感情的な表現を使わずに、事実を冷静にまとめる。
- 相手を非難する表現は控える。
- 頭語・結語の組み合わせは、「拝復・敬具」または「前略・草々」とする。

❾ 詫び状

「詫び状」は、納期遅れ、請求ミス、不良品の納入などによって、相手に迷惑をかけたり損害を与えたりした場合に出す文書です。一般に、抗議や苦情に対して落ち度を認めた場合に出します。
詫び状は、次のような点に留意して作成します。

- 事実関係をよく調べ、非がどの程度であったか正しく認識する。
- まず陳謝し、避けることができなかった何らかの事情があったときは弁解する。
- 誠意をもって、謙虚に事実を述べる。
- 再発防止のための対策を述べる。
- できるだけ速やかに対処する。

❿ 取消状

「取消状」は、注文、契約、約束などを何らかの理由で取り消すときに出す文書です。注文した側の都合で取り消す場合と注文を受けた側に問題があって取り消す場合とがあり、それによって取消状の表現が変わってきます。
取消状は、次のような点に留意して作成します。

- 注文した側の都合で取り消す場合は、理由を示しながら低姿勢で陳謝し相手に納得してもらうようにする。
- 注文を受けた側に問題があって取り消す場合は、取り消す根拠を明記する。
- 緊急を要するときは、まず電話などで直接連絡するのがよい。

⓫紹介状

「紹介状」は、会社や人物を、取引先などに紹介・推薦するときに用いる文書です。
紹介状は、次のような点に留意して作成します。

- 紹介先に依頼者と自社（自分）の関係をはっきり示す。
- 依頼者に関する情報は正確な内容を記載する。
- 依頼者と紹介先の両方の利益になるように配慮する。
- 依頼者と紹介先の両方に対して無責任な紹介をしない。

⓬申入状

「申入状」は、希望や意見を相手に具体的に伝える文書です。「引合状」とも呼ばれます。
申入状は、次のような点に留意して作成します。

- 希望や意見を具体的、積極的に伝え、同意が得られるようにする。
- なぜ申し入れをしたいのか、その理由を明確に伝える。

⓭承諾状

「承諾状」は、先方からの依頼、申し込みなどに対し、承諾の意思を伝える文書です。
承諾状は、次のような点に留意して作成します。

- 申入状に対して承諾状を出す場合は、申入状の中で承諾できるものとできないものをはっきり分けて伝え、曖昧な部分を残さないようにする。
- 条件付きのときは、その旨を明記する。
- 相手の申し出の内容をよく把握し、シンプルな内容にまとめる。
- 頭語は「**拝復**」を使い、結語は「**敬具**」とする。

⓮確認状

「確認状」は、口頭で約束したことや不確実であったことなどを確認するための文書です。
確認状は、次のような点に留意して作成します。

- 遠回しな言い方はしないで、明確に書く。
- 返事が必要な場合は回答期限を明記する。
- 何か問題が起こったときには証拠の文書にもなるので、正確に書く。
- 不確実な箇所があれば、事前に確認してから書く。

⓯断り状

「断り状」は、相手側からの依頼、注文、要請、勧誘などを断る文書です。
断り状は、次のような点に留意して作成します。

- 断りの意思を、丁寧かつ明確に述べる。
- 断わらなければならない理由をはっきり示す。ただし、その理由が相手側にある場合は、相手を傷付けないように配慮する。
- 余計なことは書かず事務的に処理する。
- 頭語は「**拝復**」を使い、結語は「**敬具**」とする。

6 儀礼・社交に関する社外文書

儀礼・社交に関する社外文書にもさまざまな種類があります。挨拶状、礼状、招待状、披露状、祝賀状、見舞状、返礼状、お悔やみ状などです。これらの儀礼・社交に関連する文書は、紙に印刷して使われることが一般的です。

1 挨拶状

「**挨拶状**」は、会社設立、開業、移転、社名変更などを関係先に披露し、今後の双方のより良い関係を願う文書です。儀礼的な文書ですが、形式的に出すというものではなく相手に情報を正しく知っていただくという姿勢が必要です。

挨拶状は、次のような点に留意して作成します。
- 挨拶状には定着した形式や言い回しがあり、それらを守るようにする。
- 新たな状況の変化を簡潔に述べるとともに、今後ますます良い関係を持続するために努力する旨の言葉を加える。
- 丁寧な表現を心がける。
- フォーマルな文書なので、格式のある表現にする。

図1.12に、挨拶状の例を示します。
この挨拶状は支店開設を伝えるもので、そのことを主文の最初に示しています。続けて、顧客へサービス向上などメリットがあることをアピールしています。

令和3年9月1日

お客様各位

日商販売株式会社

代表取締役社長　小川純香

多摩支店開設のご挨拶

拝啓　初秋の候、ますますご清祥のこととお慶び申し上げます。平素は格別のお引き立てをいただき、厚く御礼申し上げます。

　さて、弊社ではかねてより多摩地区の業務拡張を進めてまいりましたが、このたび下記のとおり多摩センター駅前支店にて営業を開始する運びとなりました。これもひとえに皆様方の暖かいご支援の賜物と存じます。

　多摩地区は、これまで調布支店のエリアとしてご愛顧を賜ってまいりましたが、当支店の開設により皆様に対するサービスもよりいっそう向上してまいります。今後ともお客様のご期待に添えるよう全力を挙げて業務に邁進する所存でございます。引き続きご用命を賜りますようお願い申し上げます。

　なお、多摩支店長は玉川雄一が務めさせていただきますので、よろしくお引き立てを賜りますようお願いいたします。

　まずは、取り急ぎ書面にてご挨拶申し上げます。

敬具

記

1. 支店所在地　　東京都多摩市本町 X-X-X

　　　　　　　　案内図を添付しました。ご覧ください。

　　　　　　　　TEL：000-000-XXXX

2. 営業開始日　　令和3年10月1日

以上

❷礼状

「**礼状**」は、ビジネスで相手に対応してもらったことに対する感謝の意を伝える文書です。丁寧に感謝の意を込めて書きます。ただし、時機を逸してしまっては効果が半減するため、好意を受けたら速やかに礼状を出すようにします。

たとえ、成果に結び付かなかった仕事でも、時間を割いてもらったことに対しての礼状を出すとよいでしょう。その礼状が今後のビジネスチャンスにつながる場合があるからです。

図1.13に、礼状の例を示します。

■図1.13　礼状の例

令和 3 年 10 月 5 日

日商サービシズ株式会社

施設部長　小野一郎様

XYZ システムズ株式会社

営業本部長　柳田秀佳

拝啓　時下ますますご隆昌のこととお喜び申し上げます。

　さて、このたびの弊社「下半期製品内覧会」開催にあたり、ご多忙中にも関わらずご来場賜り、厚く御礼申し上げます。

　当日は混雑のため説明員が十分に説明できず、不行き届きな点があったと存じます。お詫びとともに、ご容赦くださいますようお願い申し上げます。

　今回の内覧会でご興味を持たれた製品がございましたでしょうか。当日の短い時間ではわかりにくい点もあったかと存じます。つきましては、ご不明な点やさらに詳細にお知りになりたい点がございましたら、営業担当者に、ご遠慮なくお申し付けください。ご興味に合わせて説明させていただきます。

　弊社では、今後も引き続きお客様のニーズに合った製品を開発してまいります。今後とも変わらぬご厚情を賜りますようお願い申し上げます。

　まずは、略儀ながら書面をもって御礼申し上げます。

敬具

❸ 招待状

「**招待状**」は、式典や展示会などのイベントに、招待客を招きもてなす際に出す文書です。
招待状は、次のような点に留意して作成します。

- 相手を客として招く意思を丁寧に伝える。
- 開催する日時、場所（住所、電話番号、交通手段など）、そのほか必要事項を漏れなく記書きで示す。
- タイミングよく、おおむね開催日の2〜3週間前に出す。
- 格式を重視し縦書きにすることもある。

❹ 披露状

「**披露状**」は、新社屋の完成や創業記念を知らせる文書です。単なるお知らせではなく、披露の機会に日ごろの交流に対する感謝の意を表すという性質があり、格式を重視します。
披露状は、次のような点に留意して作成します。

- 十分に礼を尽くした文面にする。
- 適切な敬語を使う。
- 会場などの案内はわかりやすく具体的に書く。
- オーソドックスな形式を採用する。
- 出欠確認の返信用ハガキを同封するときは、返信期限を明記する。

❺ 祝賀状

「祝賀状」は、取引先で新工場や新社屋の完成、新社長の就任などのお祝い事があったときにお祝いの気持ちを伝えるために出す文書です。

祝賀状は、次のような点に留意して作成します。

- 早過ぎず遅過ぎずタイミングよく出す。
- 敬語に注意しながら、温かみのある表現で簡潔にまとめる。
- 一般に、標題は記入せずハガキで出すことが多い。

❻ 見舞状

「見舞状」は、取引関係にある会社が事故や災害に遭ったとき、また取引先の経営者や担当者が病気、けがなどで入院したときに出す文書です。

見舞状は、次のような点に留意して作成します。

- 病気や災害の程度を確認して、状況に沿った書き方をする。
- 頭語・結語の組み合わせは、「急啓・草々」とし、前文の挨拶は省略する。
- 文面の前半は、事実を知ったことの驚き、お見舞いの言葉、状況を尋ねる言葉などを書き、後半は励ましの言葉を中心にしてまとめる。
- 心を込めて簡潔に書く。
- 一般に、封書よりもハガキが使われる。

❼ 返礼状

「返礼状」は、祝賀状や見舞状をもらったとき、あるいはお祝いやお見舞いの金品を受け取ったときに感謝の意を表すために書く文書です。

返礼状は、次のような点に留意して作成します。

- 感謝の気持ちを素直に表現する。
- 時機を逃さないように速やかに出す。

❽ お悔やみ状

「お悔やみ状」は、取引先の関係者が亡くなったときに出す文書です。

お悔やみ状は、次のような点に留意して作成します。

- 何らかの理由で弔問に出かけられない場合に、速やかにお悔やみ状を出す。
- 頭語や前文は省略して、「このたびは〜」「承りますれば〜」と書き出す。結語は省略してもよいが、入れる場合は「合掌」または「敬具」とする。
- 驚きとお悔やみ、故人への感謝、関係者への励ましなどについて、丁寧に簡潔に書く。
- 死を意味する言葉としては、「逝去」「永眠」「他界」などの表現を使う。
- 「次々」「再び」「追って」「重ねて」「たびたび」などの忌み言葉を使わない。
- ハガキは使わず、封書で出すのが一般的である。

解答 ▶ 別冊P.1

第1章 ビジネス文書

知識科目

■ 問題 1　ビジネス文書を作成するときの考え方として、次の中から最も適切なものを選びなさい。

1　必要な情報を正確に伝えるためには、文章の量は問われない。

2　図解は解釈の仕方がいろいろあるため、図解をビジネス文書に使うのは好ましくない。

3　文書を読みやすくするためには、レイアウトを整えることも大事である。

■ 問題 2　ビジネス文書の説明として、正しいものを次の中から選びなさい。

1　照会状は、不明点や疑問点を問い合わせたいときに書く文書であり、社外文書に分類される。

2　依頼書は社内文書として発行され、社外に対して発行されることはない。

3　通知状は社内で使われる報告書の一種であり、備品などを購入したあと、それを有効に使っているか報告するような場合に書く。

■ 問題 3　議事録を作成するときの留意点として、正しいものを次の中から選びなさい。

1　議事録は出席者だけに配付する。

2　決定したことだけを書き、未決や保留事項は書かない。

3　議事録は記録者の主観が入らないように中立の立場で書く。

■ 問題 4　「稟議書」の説明として、適切なものはどれですか。次の中から選びなさい。

1　取引先から問い合わせが寄せられたときに、関係部署に確認する文書である。

2　組織の評価を受けるために上長に提出する、活動内容をまとめた文書である。

3　提案書の一種で、決定権者に決裁を求めるための文書である。

■ 問題 5　動作を表す敬語として誤っているものを次の中から選びなさい。

1　「食べる」の謙譲語は「召しあがる」、尊敬語は「いただく」である。

2　「聞く」の謙譲語は「伺う」、尊敬語は「お尋ねになる」である。

3　「行く」の謙譲語は「伺う」、尊敬語は「いらっしゃる」である。

Chapter

2

第2章
ビジネス文書の
ライティング技術

STEP 1 文書作成の基本

ビジネス文書作成の基本は、「5W1H」または「5W2H」を明確にしながら書くことです。また、文書の構成やライティング技術など、文書作成のコツを理解することも必要です。

1 読み手と目的

文書を作成するときに気を付けなければならないのは、「読み手」と「目的」を考えることです。日常的に作成している文書は、毎回同じような内容になるため、あまり意識することはないかもしれません。しかし、日常的に交わされる文書であっても、「Who（読み手は誰か）」と「Why（目的は何か）」については、常に意識する必要があります。

また、大勢の人に向けて発信する文書では、中心となる読み手を想定します。そうすることで、文書をどのように作れば効果が上がるものになるのかが判断できるようになります。記載する項目の内容の深さや使用する用語の選択など、より効果的な文書にするための方法も見えてきます。

文書によって最終的に得たいものは何であるのかをはっきりさせることも必要です。文書は、最終的な目的を実現するための道具です。到達するゴールが明確になっていれば、何を伝えたらよいのかが、より明確なものになっていきます。

Why（目的は何か）

会社員?　主婦?　学生?
Who（読み手は誰か）

最終的に得たいものは何か

STEP 2 文書の構成

文書の構成によって、文書の読みやすさ、わかりやすさは大きく左右されます。そのために、最初に文書の構成を考えることが重要です。

1 文書全体の構成

ビジネス文書全体の構成の基本は、主に次の3パターンがあります。

① 概論（結論を含むことがある） ➡ 各論

② 概論 ➡ 各論 ➡ まとめ（結論）

③ 概論 ➡ 結論

この3つの中で、一般には①または②のパターンが使われています。①～③以外のパターンでよく知られたものとしては、「起承転結」があります。この構成は、社歴や個人史、また社内報のコラムのような文章には適していますが、ビジネス文書の構成としてはふさわしくありません。ビジネス文書は、最初に全体像や結論が示されたうえで、個々の話や結論に至った理由などが続く展開が基本です。

「概論」にあたるのは、文章の最初に示される前置き、全体の要約、要点、主張、課題、結論、問題提起、重要事項、重点事項などです。あるときは全体の要約だったり、あるときは主張だったり、またあるときは重点事項だったりします。
「各論」は、個別の説明、詳細説明、具体的内容、根拠、理由、対策、補足事項、本論展開などです。概論を受けて展開するという形をとります。
最後の「まとめ」は、全体のまとめ、結論、重要事項の繰り返し、ポイントを整理します。

「概論」「各論」「まとめ」の組み合わせは、図2.1のようにいろいろな形が考えられます。文書に記載する内容や文書の目的によって、最適な組み合わせを考えて使います。

組み合わせの例を、以下に示します。

- 「前置き」→「結論」→「根拠」→「全体のまとめ」
- 「主張」→「根拠」→「全体のまとめ」
- 「全体の要約」→「詳細説明」→「全体のまとめ」
- 「問題提起」→「対策」→「ポイントの整理」
- 「要点」→「本論展開」→「全体のまとめ」

■図2.1 「概論」「各論」「まとめ」の組み合わせ

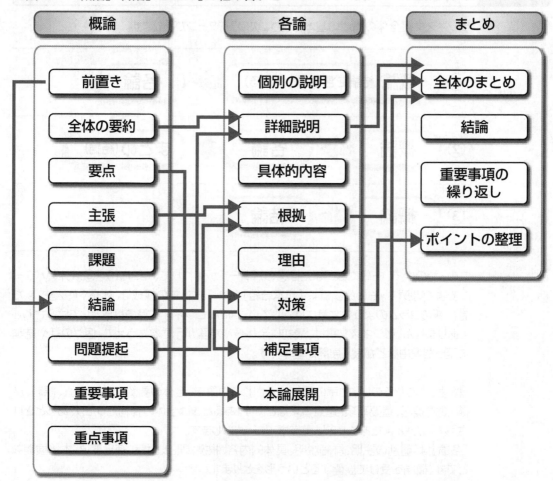

図2.2に、結論を含む概論で始まり、各論に展開している企画書の例を示します。

■図2.2　企画書の例

2021 年 7 月 2 日

経営企画委員各位

広報・IR 部長　鈴木裕希

ブランドマネジメント戦略見直しプロジェクト企画

ブランドマネジメント戦略の見直しが迫られている現況を踏まえ、下記のようにブランドマネジメント戦略見直しプロジェクトを企画しました。下記のとおり、提案いたします。

記

概論

1.　**プロジェクトの目的**

ブランドマネジメントの現状を洗い出し、企業価値を高めるための新たな戦略を策定する。また、社内外への発信を強化し、ブランドへの理解と信頼を高めるための活動を計画する。

各論

2.　**実施計画**

ブランドマネジメント推進 WG により、以下のような点で検討・分析し、新たなブランド戦略を策定する。

●**ブランドマネジメントの状況把握と見直し**

現状のブランドマネジメントの状況を洗い出し、早急に課題を分析する。これまでのトップダウンによるブランドマネジメントへの取り組みから、全関係者への浸透と実践を図るために、ブランドマネジメントの方針を見直す。

●**今後のブランドマネジメント戦略の策定**

新たなブランドマネジメント戦略をまとめ、計画を策定する。

●**社内外への発信強化**

当社のウェブサイト、関連カンファレンスへの参加など、発信力を高める。さらに、社内においても、取り組みを逐次共有する。

3.　**実施スケジュール**

全社中期計画 2030 の中心的プロジェクトとして位置付け、第 1 フェーズの計画を上期中に策定。下期より順次取り組む（詳細スケジュールは別途資料参照）。

以上

第1章
第2章
第3章
第4章
第5章
第6章
第7章
第8章
模擬試験
付録1
付録2
索引
資料

2　文章の展開

文章を書くとき、全体の並び順あるいは段落の並び順は意味のあるものにします。章・節・項で構成される長い文章でも、3つか4つの段落で構成される短い文章でも考え方は同じです。

並べ方には、次のような順序があります。

●一般的な並べ方

- 概論から各論へと並べる（全体像から詳細へ）。
- 重要な順に並べる。
- 緊急度が高い順に並べる。
- 利用頻度が高い順に並べる。
- 基本から応用へと並べる。
- 興味が持てる順に並べる。
- 位置を基準にして並べる。
- 作業順に並べる。
- 操作順に並べる。

●対応関係を持つ並べ方

- 結果、原因の順に並べる。
- 結果、対策の順に並べる。
- 課題、対策の順に並べる。
- 問題点、解決策の順に並べる。
- 原理、実際の順に並べる。
- 結論、根拠の順に並べる。
- 問、答の順に並べる。

実際には、以上のような並び順が入り組んで構成されるのが普通です。

簡単な例を図2.3に、やや複雑な例を図2.4に示します。

■図2.3　並び順の例：簡単なもの

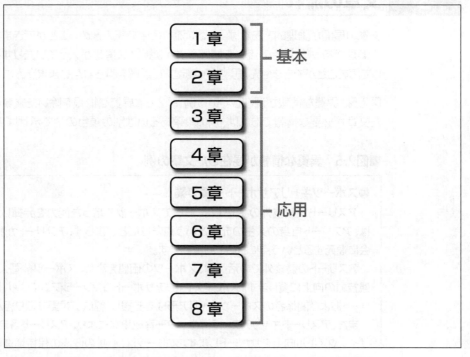

■図2.4　並び順の例：やや複雑なもの

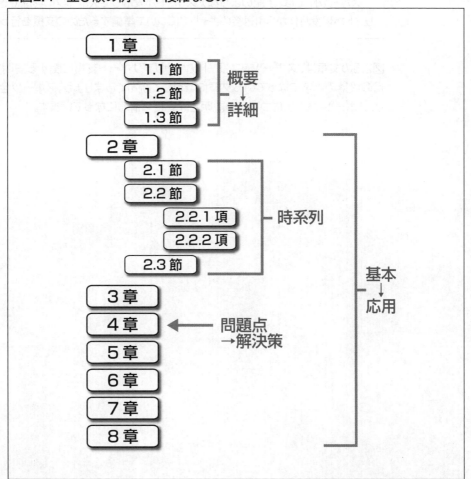

第1章

第2章

第3章

第4章

第5章

第6章

第7章

第8章

模擬試験

付録1

付録2

索引

資料

文章の展開が論理的であれば、自然な流れの中で読み進めることができます。しかし、展開に無理があったり、話の流れを妨げるような異質な情報が入っていたりする文章は、集中して読むことができません。思考が中断され、理解を得られないまま進みます。

図2.5は異質な情報が混在している例、図2.6は異質な情報を除いた文章の例です。除いた文章が必要な情報であれば、別の段落あるいは別の項目の中で示せばよいでしょう。

■図2.5　異質な情報が混在した文章の例

●スポーツキャリアサポート支援事業

　アスリートが競技外のキャリアにおいてスポーツで培った能力を発揮し活躍することは、アスリート自身の人生の充実という点だけにとどまらず、アスリートが持つ価値を社会に還元するという点においても重要です。

　アスリートの競技外での活躍は、スポーツの価値を高め、スポーツ参画人口の拡大や、競技力の向上に資します。スポーツキャリアサポートコンソーシアムにより、産官学でアスリートおよび関係者のスポーツキャリア形成を支援し、幅広い視野で取り組んでいます。

　また、アスリートキャリアコーディネーター育成事業により、アスリート各自のキャリアデザインやスキル向上をサポートします。スポーツは、心身の健康の保持増進にも重要な役割を果たすものであり、健康で活力に満ちた長寿社会の実現に不可欠です。

　スポーツ庁では、上記のようなアスリートが安心してスポーツに専念できるよう、アスリートが現役時代から引退後のキャリアについて準備するための支援を行っています。

図2.5の文章は、スポーツアスリートのキャリアサポート支援に関する説明文章です。3つ目の段落の赤字になっている文章に着目して読んでみましょう。スポーツ全般の効用であり、スポーツキャリアについての説明とは異質な情報になっています。

■図2.6　異質な情報を除いた文章の例

●スポーツキャリアサポート支援事業

　アスリートが競技外のキャリアにおいてスポーツで培った能力を発揮し活躍することは、アスリート自身の人生の充実という点だけにとどまらず、アスリートが持つ価値を社会に還元するという点においても重要です。

　アスリートの競技外での活躍は、スポーツの価値を高め、スポーツ参画人口の拡大や、競技力の向上に資します。スポーツキャリアサポートコンソーシアムにより、産官学でアスリートおよび関係者のスポーツキャリア形成を支援し、幅広い視野で取り組んでいます。

　また、アスリートキャリアコーディネーター育成事業により、アスリート各自のキャリアデザインやスキル向上をサポートします。

　スポーツ庁では、上記のようなアスリートが安心してスポーツに専念できるよう、アスリートが現役時代から引退後のキャリアについて準備するための支援を行っています。

第1章
第2章
第3章
第4章
第5章
第6章
第7章
第8章
模擬試験
付録1
付録2
索引
資料

わかりやすい文章の書き方

ライティングには、いくつかの基本技術があります。
ここでは、簡潔な文章、誤解を招かない文章、わかりやすい文章、具体的な表現など、ビジネスで文章を書くための代表的な技術について学びます。

1 簡潔な文章の書き方

ビジネス文書では、文書を簡潔に書くことが望まれます。通常、読み手は主語と述語を意識し、「誰が何をした」「何がどうなった」といった情報を頭に入れながら文章を読み進めます。文章の中に不要な情報や語句が多く含まれていたり、不要な接続詞が含まれていたりすると、主語と述語の関係がわかりにくいものになります。結果的に文章が何を述べているのかが理解しづらくなります。

ある事柄にまつわるさまざまな情報を盛り込みたいときも同様に、盛り込む情報を厳選し、不要な情報は削除することが必要です。

ここでは、不要な情報を削除してすっきりした文章にした例と、不要な接続詞を削除して簡潔にした例を示します。

❶ 不要な情報や語句の削除

わかりきった事柄が長々と書いてあったりすると文章が長くなり、読むのに時間がかかります。主張したい事柄に対して不要な情報や語句が混ざっているときも同じです。余分なことは書かず、すっきりした文章にしましょう。

余分な情報・語句を含んだ文章と、必要な情報・語句だけを残した文章に変えた例を次に示します。最初に上の文章を読み、不要な部分に線を引いて削除していきましょう。最後まで終わったら、下の文章と比べてみます。重要な部分を残し、不要な情報を削除してきたかどうかを確認しましょう。

> 　古来、あらゆるスポーツは、人間の体を動かすという人間のとても本源的な欲求に応えるとともに、爽快感、達成感などの精神的充足も同時にもたらしています。さらに我々には、スポーツをいつまでもし続けることによって、いつまでも体力の向上、精神的なストレスの発散、それに毎日の好ましくない生活習慣の積み重ねなどによって引き起こされる肥満、糖尿病、心臓病、高血圧、高脂血病、脳卒中などの生活習慣病を予防することができるなど、心身の両面にわたる健康の保持増進を図ることができるのです。
>
> 　ある調査結果によれば、週1回以上スポーツをしている成人の平均的な体力水準は、していない人の平均的な体力水準に比べて、男にとっても女にとっても、またどの年代においても高くなっています。また、週1回以上スポーツをしている成人の割合をスポーツ実施率と呼びますが、このスポーツ実施率の高まりに伴い、中高年の体力は5年前と比べると向上しており、体力年齢が実際の年齢より若い人の割合が増加しています。
>
> 　以上、スポーツをすることによる効用を述べてきましたが、定期的にスポーツを続けることは、発育過程にある子どもたちにとってだけでなく、成人・中高年にとっても、体力の維持や健康の保持増進のためにたいへんに有効であるということができます。さらに、高齢化社会がどんどん進展する中で、介護予防などの観点からも、生涯にわたってスポーツに親しむということへの重要性が多方面から注目されているのです。

> 　スポーツは、体を動かすという人間の本源的な欲求に応えるとともに、爽快感、達成感などの精神的充足ももたらしています。さらに、スポーツを続けることによって、体力の向上、精神的なストレスの発散、生活習慣病の予防など、心身の両面にわたる健康の保持増進を図ることができます。
>
> 　ある調査結果によれば、週1回以上スポーツをしている成人の体力水準は、していない人よりも、男女ともにどの年代においても高くなっています。また、週1回以上スポーツをしている成人の割合（スポーツ実施率）の高まりに伴い、中高年の体力は5年前と比べて向上しており、体力年齢が実際の年齢より若い人の割合が増加しています。
>
> 　このように、定期的にスポーツを続けることは、発育過程にある子どもたちにとってだけでなく、成人・中高年にとっても、体力の維持や健康の保持増進のためにたいへん有効です。さらに、高齢化社会が進展する中で、介護予防の観点からも、生涯にわたってスポーツに親しむことの重要性が注目されています。

第1章
第2章
第3章
第4章
第5章
第6章
第7章
第8章
模擬試験
付録1
付録2
索引
資料

❷不要な接続詞の削除

接続詞にはさまざまな種類があり、文と文を円滑につなぐ役割を果たしています。しかし、接続詞は使い過ぎると文章の読みやすさを妨げます。削除しても文意が変わらず、わかりにくくならない場合は、その接続詞を削除したほうがすっきりと読みやすくなります。
なくても問題がない接続詞を使っている文章と、それらを削除した例を次に示します。

> 　地球温暖化の防止や自然環境の保全をはじめとした環境問題は、人類の生存と繁栄にとって緊急かつ重要な課題です。すなわち、恵み豊かな環境を守り、私たちの子孫に引き継いでいくためには、環境への負荷が少ない持続的発展が可能な社会を構築する必要があります。したがって、こうした社会を構築するためには、あらゆる主体が自主的・積極的に環境保全活動に取り組むとともに、すべての人があらゆる機会を通じて環境問題について学習することが重要であり、特に21世紀を担う子どもたちへの環境教育は極めて重要です。

> 　地球温暖化の防止や自然環境の保全をはじめとした環境問題は、人類の生存と繁栄にとって緊急かつ重要な課題です。恵み豊かな環境を守り、私たちの子孫に引き継いでいくためには、環境への負荷が少ない持続的発展が可能な社会を構築する必要があります。こうした社会を構築するためには、あらゆる主体が自主的・積極的に環境保全活動に取り組むとともに、すべての人があらゆる機会を通じて環境問題について学習することが重要であり、特に21世紀を担う子どもたちへの環境教育は極めて重要です。

2　具体的な表現

間違っていないけれども、曖昧な表現で書かれている文章があります。具体性がないため、説得力がありません。また、読む人によって解釈が分かれたり、誤解につながったりする危険もあります。
たとえば、「大幅に」「そのうち」のような言葉は使わず、数字で表現します。それが難しいときは、できるだけ詳細にかつ具体的に説明します。曖昧な表現をそのまま使っている文章と、具体的に説明した例を次に示します。

> 数メートルの距離があります。

> 約3メートルの距離があります。

> 校正結果はできるだけ早くお知らせください。

> 校正結果は、9月1日の17時半までにお知らせください。

3　事実と意見

報告書のような文書では、事実と意見を分け、両者を取り混ぜて記述するのは避けなければなりません。意見であれば、そのことが読み手に伝わるような書き方をします。たとえば「所感」と小見出しを付けて記述すれば、それが意見であることが伝わります。

次の例は報告書の文章です。事実と意見を区別しないで記述した例と区別して記述した例を示しています。

●XYZカフェの調査結果
・A駅北口のバスターミナルに面した新築ビル1階にオープン。
・ウッドデッキ調のオープンスペースにもテーブルが3卓あり、開放感がある。
・スナックはサンドイッチのほか、玄米おにぎりなど自然志向の軽食を取り扱っている。
・自然志向の軽食は、若い層だけでなく、シニア層にも好調のようである。
・内装はナチュラルな木材を随所に使い、人工物のグリーンをポイントとしている。
・客層が当社のカフェと共通しており、客単価もほぼ同様と思われる。新しく、ナチュラルな雰囲気の店舗に客が流れており、弊社の売上に影響することが予想される。
・郊外の駅を中心に店舗展開を進めるXYZカフェとの差別化を、戦略的に進める必要がある。

●XYZカフェの調査結果
・A駅北口のバスターミナルに面した新築ビル1階にオープン。
・ウッドデッキ調のオープンスペースにもテーブルが3卓あり、開放感がある。
・スナックはサンドイッチのほか、玄米おにぎりなど自然志向の軽食を取り扱っている。
・内装はナチュラルな木材を随所に使い、人工物のグリーンをポイントとしている。

●所感
・自然志向の軽食は、若い層だけでなく、シニア層にも好調のようである。
・客層が当社のカフェと共通しており、客単価もほぼ同様と思われる。新しく、ナチュラルな雰囲気の店舗に客が流れており、弊社の売上に影響することが予想される。
・郊外の駅を中心に店舗展開を進めるXYZカフェとの差別化を、戦略的に進める必要がある。

文章の表現方法

文章の内容や表現などの書き方以外にも、気を付けなければならないことがあります。
ここでは、表現の統一性、専門用語の使い方、慣用句の正しい使い方について学びます。

1 表現の統一性、一貫性

1つの文書内の表現は、統一性と一貫性がないと、読んでいてもスムーズに内容が入って
きません。不統一が目立つと、文章の中身の信頼性に影響を及ぼすことがあります。一定
の基準で統一を図りましょう。

図2.7は、表現に統一性のない連絡文書の例です。箇条書きの文末や記号の使い方が不
ぞろいになっています。このような文章は、読んでいて不統一が気になります。図2.8は統
一性を持たせた例です。図2.7を読み、統一が取れていない箇所をチェックしてみましょう。
その後、図2.8を読み、統一されていることを確認しましょう。

■図2.7　表現の統一性がない例

第1章
第2章
第3章
第4章
第5章
第6章
第7章
第8章
模擬試験
付録1
付録2
索引
資料

総務部第 21-022
2021 年 4 月 1 日

事業部長各位

総務部長　大川朝陽

業務車両運行管理者確認と業務車両運転者の登録更新依頼

　標記について、下記のとおり連絡します。関係者は、必要な手続きをとるようお願い
いたします。

記

1.　業務車両運行管理者の確認

各事業部で登録している業務車両管理者に変更がないことを、社内業務システムにて確
認をお願いします。人事異動や組織変更があった場合は、速やかに変更手続きをシステ
ムにて実行してください。

２．業務車両運転者登録の見直しおよび更新

新年度にあたり、業務車両運転者を見直し、登録情報を次のように更新をしてください。
詳細は、社規細則 002-11-005 を参照のこと。

＜登録の更新＞

登録更新は、次のように行います。

　① 運転登録の有効期間は、毎年 4 月 1 日を起算日とする 1 年間とし、以後期間満了
　　 ごとに見直し審査を行い、更新します。
　② 登録の更新は、業務車両運行管理者が行います。
　③ 運行管理者は業務システムから「担当者管理」を選択し、「運転登録者名簿」を更
　　 新すること。
　④ 手続き期限は、4 月 1 日（木）から 4 月 19 日（月）とします。
　　 ※新規登録者の場合は、新規登録申請メニューから所定の手続きをおこなってく
　　 ださい。

【登録の取り消し】

運転登録者の退職、異動などによる登録を取り消す場合は、次のように行います。

　1.　業務システムから「担当者管理」を選択する。
　2.　「運転登録者名簿」のデータを削除すること。

担当：総務部安全管理事務局　沢田一志
（内線：XXXXX　Email：k_sawada@xxxx.xx.xx）

以上

総務部第 21-022
2021 年 4 月 1 日

事業部長各位

総務部長　大川朝陽

業務車両運行管理者確認と業務車両運転者の登録更新依頼

　標記について、下記のとおり連絡します。関係者は、必要な手続きをとるようお願いいたします。

記

1.　業務車両運行管理者の確認

各事業部で登録している業務車両管理者に変更がないことを、社内業務システムにて確認をお願いします。人事異動や組織変更があった場合は、速やかに変更手続きをシステムにて実行してください。

2.　業務車両運転者登録の見直しおよび更新

新年度にあたり、業務車両運転者を見直し、登録情報を次のように更新をしてください。詳細は、社規細則 002-11-005 を参照してください。

【登録の更新】

登録更新は、次のように行います。

① 運転登録の有効期間は、毎年 4 月 1 日を起算日とする 1 年間とし、以後期間満了ごとに見直し審査を行い、更新します。
② 登録の更新は、業務車両運行管理者が行います。
③ 業務車両運行管理者は業務システムから「担当者管理」を選択し、「運転登録者名簿」を更新してください。
④ 手続き期限は、4 月 1 日（木）から 4 月 19 日（月）とします。
　※新規登録者の場合は、新規登録申請メニューから所定の手続きを行ってください。

【登録の取り消し】

運転登録者の退職、異動などによる登録を取り消す場合は、次のように行います。

① 業務システムから「担当者管理」を選択します。
② 「運転登録者名簿」のデータを削除します。

担当：総務部安全管理事務局　沢田一志
（内線：XXXXX　Email：k_sawada@xxxx.xx.xx）

以上

2　専門用語・略語

読み手にとって理解が難しそうな専門用語や略語が含まれているときは、その用語を言い換えたり、説明を加えたりしたうえで使います。注記で説明したり、文章中で説明したり、カッコを使って説明したりするなど、いくつかの方法があります。次に、例を示します。

● 注記で説明

インターネット上の有害な情報をブロックするために、フィルタリング*の活用を検討する。
*特定の条件に合致するデータだけを通過させたり、逆に一定の条件に合致しないデータだけを通過させたりすることによって、有害サイトの閲覧を制限する機能。

● 文章中で説明

H社は、暗号化するための鍵と暗号を元に戻すための鍵が異なる「公開鍵方式」と呼ばれる技術を使って、グループ企業間や支店の社員同士がやり取りする電子メールを自動的に暗号化するセキュリティーソフトを開発した。

● カッコを使って説明

人工知能(AI)の活用が進み、販売、医療、教育などの幅広い分野で実用化されている。

品質改善やコンプライアンス(法令遵守)に対応できる体制を作った。

「持続可能な開発目標(SDGs：Sustainable Development Goals)」とは、2001年に策定されたミレニアム開発目標(MDGs)の後継念として、2015年9月の国連サミットで加盟国の全会一致で採択された、2030年までに持続可能でより良い世界を目指す国際目標のことです。

情報共有の手段としてPLM(Product Lifecycle Management)にも着目すべきである。

文章中で説明する方法やカッコを使って説明する方法は、言い換えや略語のスペルアウトなどに使います。補足説明はカッコに入れずに、別の文章に分けるか、注記で説明します。

3 慣用句

慣用句はうまく使うと効果的ですが、紛らわしいものもあって間違って使われていることもあります。使い方には十分な注意が必要です。

次の例は間違って使われた慣用句と正しく使われた慣用句の例です。慣用句を使うときに不安を感じたら、辞書などで確認して正確に書きましょう。

■表2.1　慣用句の誤った表現と正しい表現

誤った表現	正しい表現
愛想を振りまく	愛嬌を振りまく
合いの手を打つ	合いの手を入れる
明るみになった	明るみに出た
足元をすくう	足をすくう
怒り心頭に達した	怒り心頭に発した
異存は出なかった	異存はなかった
上にも置かぬもてなし	下にも置かぬもてなし
上や下への大騒ぎ	上を下への大騒ぎ
屋上屋を重ねる	屋上屋を架す
押しも押されぬ	押しも押されもせぬ
おぜん立てをそろえる	おぜん立てをする
思いもつかない	思いもよらない
風下にも置けぬ	風上にも置けぬ
間髪を移さず	間髪を入れず
気の置ける友人	気の置けない友人
公算が強い	公算が大きい
心血を傾ける	心血を注ぐ
見掛け倒れ	見掛け倒し
的を得た	的を射た

ライティング応用技術

文章のわかりやすさは、個々の文の問題だけではなく、段落の付け方や見出しの適切さなど、文以外の要素によっても変わってきます。これらの要素に対しても、配慮して書く必要があります。

1 段落と文章

段落は、文章のわかりやすさに大きな影響を及ぼす大事な要素です。段落の展開パターンや段落の主題文など、押さえておくべきポイントがいくつかあります。

❶ 段落の基本

段落とは、意味や内容のまとまりごとに文章を区切ったものです。複数の段落で構成される文章は、まず段落単位で考え、段落の並べ方に問題がないかを確認することが重要です。段落が適切に設けられていると、読み手に次のような効果をもたらします。

- 段落ごとに内容の確認ができるので理解しやすくなる。
- 全体の概要を示す段落と、個々の説明を示す段落が設けられていれば、全体像の把握がしやすくなる。
- 文章をいくつかの内容がまとまった情報のかたまりとしてとらえることができるため、速読しやすくなる。

第1章
第2章
第3章
第4章
第5章
第6章
第7章
第8章
模擬試験
付録1
付録2
索引
資料

➋ 段落構成の基本

P.53で示した「概論」や「各論」は、いくつかの段落で成り立っています。文章量が少ない場合は、「概論」と「まとめ」はそれぞれ1つの段落になることもあります。

「概論」「各論1」「各論2」…「まとめ」が複数の段落で構成されている場合、図2.9のようにそれぞれの最初の段落に総論の段落が入るというのが理想です。ただし、このように全体が長くなる場合には、「概論」「各論1」「各論2」…「各論n」「まとめ」のそれぞれに小見出しを設けるなどして、全体が読みやすくなるように工夫します。

■図2.9　段落の構成例

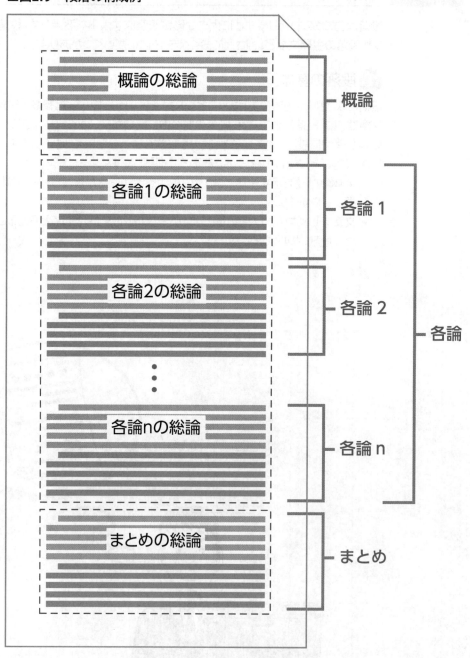

❸ 段落の主題は1つにする

1つの段落の主題は1つにします。複数の主題が含まれているときは段落を分けます。
1つの段落に3つの主題「日々の身体活動量が多い人や運動を行っている人は、生活習慣病の罹患率や死亡率が低い」、「生活習慣病の予防の効果は、身体活動量の増加に従って上昇する」、「現代の生活は身体活動量が低下してきているため、生活習慣の見直しが重要」が含まれている文章の例と、1つの段落が1つの主題になるように段落を分けた文章の例を次に示します。

1つの段落で書かれている

> 　日々の身体活動量が多い人や、運動をよく行っている人は、高血圧、糖尿病、肥満、骨粗鬆症などの罹患率や死亡率が低いことが調査からわかっています。また、身体活動や運動が、メンタルヘルスや生活の質の改善に効果をもたらすことも認められています。特に高齢者においては、ウォーキングなど日常生活における軽い運動が、寝たきりや死亡を減少させる効果のあることが昨今の調査から示されています。生活習慣病の予防などの効果は、身体活動量（「身体活動の強さ」×「行った時間」の合計）の増加に従って上昇しています。長期的には10分程度の歩行を、1日に数回行う程度でも効果が期待できます。家事、庭仕事、通勤のための歩行などの日常生活活動、趣味やレクリエーション、スポーツなどの身体活動は、健康な生活に欠かせないと考えられるようになっています。一方で、家事や仕事の自動化、ネット通販の普及などにより身体活動量が低下してきています。食生活とともに、生活習慣の見直しが重要です。

主題ごとに段落を分けている

> 　日々の身体活動量が多い人や、運動をよく行っている人は、高血圧、糖尿病、肥満、骨粗鬆症などの罹患率や死亡率が低いことが調査からわかっています。また、身体活動や運動が、メンタルヘルスや生活の質の改善に効果をもたらすことも認められています。特に高齢者においては、ウォーキングなど日常生活における軽い運動が、寝たきりや死亡を減少させる効果のあることが昨今の調査から示されています。
> 　生活習慣病の予防などの効果は、身体活動量（「身体活動の強さ」×「行った時間」の合計）の増加に従って上昇しています。長期的には10分程度の歩行を、1日に数回行う程度でも効果が期待できます。家事、庭仕事、通勤のための歩行などの日常生活活動、趣味やレクリエーション、スポーツなどの身体活動は、健康な生活に欠かせないと考えられるようになっています。
> 　一方で、家事や仕事の自動化、ネット通販の普及などにより身体活動量が低下してきています。食生活とともに、生活習慣の見直しが重要です。

第1章
第2章
第3章
第4章
第5章
第6章
第7章
第8章
模擬試験
付録1
付録2
索引
資料

❹ 主題文は段落の最初に置く

段落における主題文とは、その段落の中心となる事柄や内容を、1つの文で簡潔に要約して示したものです。主題文はなるべく各段落の冒頭に置くというのが基本です。そうすれば、読み手は最初に各段落の主題文を読むことで、その段落の主題がわかり、次に続く文にスムーズに移っていけるようになります。また、時間がないときは、主題文だけを重点的に読むことで全体の内容を素早く把握することもできます。

次に示す段落の主題文は、「**報告書・レポートの内容は、要求された目的に沿ったものにします。**」です。この主題文が段落の冒頭にあるためにわかりやすい文章になっています。

　報告書・レポートの内容は、要求された目的に沿ったものにします。何のために報告を求められているのか、読み手は何を知り何を判断したいのかを考え、それに応える内容にします。不足があったり、逆に要求されていない余分な内容が含まれていたりしないように注意します。

---

❺ 段落内の文の数

通常、1つの段落は複数の文で構成されています。1つの段落が1つの文だけでできていることもあります。ただし、それが連続するようだと細切れになり読みにくくなります。逆に、1つの段落の文の数が多過ぎると意味の把握がしにくくなったり読みにくくなったりします。読みやすくするには、文の数は1つの段落で5文以下に抑えるのがよいでしょう。

❻ 段落の展開パターン

段落を展開していくときのパターンにはいくつかの種類があります。展開パターンを意識しながら段落を記述すると、自然に読み進めることができる文章になります。これらの展開パターンは、段落の中の文の記述順序にも適用できます。

●時間軸に沿って展開する

報告書、マニュアル、計画書のような文書で見られるパターンです。時間の流れに沿って変化する状況を記述するような場合に適しています。例を次に示します。

　専門的な内容の調査報告書をまとめるには、ネットで調べるのと同時に、まず、大型書店や専門書店でテーマに関連する書籍を探し、必要としている情報が含まれているものを購入する。また、国会図書館でも文献を検索し、必要な情報が見つかればコピーをするなどして集め、専門知識を集積する。

　集めた情報を整理・分析したうえで、実際に関連業界団体や関連企業を訪問して、現在の生の情報を集める。

　文献と生のデータをもとに、仮説を組み立てる。同時に、各界の権威者にインタビューを求めたり、グループインタビューを重ねたりして仮説の検証を行う。

● 空間を意識した展開パターン

平面的あるいは立体的に配置されている物や移動する物体などを説明するのに適したパターンです。左から右、上から下、前から後ろなどの順に文章を展開することで、読み手は混乱することなく読み進めることができるようになります。例を次に示します。

> 　関西国際空港の第1ターミナルビルは4階建てです。このビルを、1階から4階まで順に説明します。
> 　1階は国際線到着ロビーで、到着南出口と到着北出口の2か所の出口があります。フロアには、案内所、外貨両替所、JR案内カウンター、リムジンバス案内カウンター、カフェ、手荷物一時預かり所などの施設があります。
> 　2階は国内線ロビーで、国内線到着ロビーと南出発ロビー、北出発ロビーがあります。
> 　3階は、レストラン&ショッピングフロアです。レストラン、ショップ、カードメンバーズラウンジ、リラクゼーションスペースがあります。
> 　4階は、国際線ロビーです。出発ロビーのほか、外貨両替、銀行ATMなどがあります。

● 意見、理由の順で展開するパターン

報告書、提案書などの文書で見られるパターンです。最初に最も伝えたい意見や主張を記述し、続く段落で理由を示します。そうすることで、読み手の理解のスピードを高めることができるようになります。例を次に示します。

> 　現在紙で発行している製品カタログの一部を、ネット配信に切り替えることを提案します。そうすることで、即時性、コスト削減、情報共有化を目指します。
> 　紙の場合は、印刷会社との打ち合わせ、校正、製版、印刷、配達などの手順が必要です。ネット化によって、原稿執筆は配信日の1日前でも対応が可能になります。(以下、省略)

● 結果から原因に展開するパターン

事故の報告では、まず結果を知らせてから原因を示すパターンになります。例を次に示します。

> 　A社がB国から輸入し販売した電気ストーブ(型式：BB-CCC、商品名：Kヒーター)のガラスヒーター管が突然破損し、カーペットや床を焼損させる事故が2月末から3月末のここ1か月で3件発生した。
> 　事故原因は、ガラス管の製造上の不具合にある。ガラス管は、B国から発注を受けたC国で製造されている。C国の製造工場では、出荷製品の最終検査が十分に行われておらず、欠損品のままB国に出荷されていた。B国では、輸入したガラス管を検査せずそのまま電気ストーブに組み込んでいた。

● 課題から対策に展開するパターン

最初にどのような課題があるのかを記述し、次いで対策を示すパターンです。

● 重要度の高いものから低いものへの順で展開するパターン

ビジネス文書に、広く適用されているパターンです。電子メールの文にも適用できます。

● 既知から未知のものへと展開するパターン

既知の状況を示してから未知のものへと展開するパターンです。いきなり未知のものを示すと、読み手は戸惑う場合があります。既知のものから示すと抵抗なく読み進めることができる効果があります。

2 箇条書き

箇条書きは、ビジネス文書において欠かせない要素です。ある説明文の中に説明すべき項目が複数含まれているとき、それらを箇条書きで示すことで全体が整理され、簡潔にわかりやすくなります。作成者にとっても、箇条書きにすることで漏れや重複を防ぐ効果があります。

礼状のような一部の例外を除いて、文書の種類を問わず箇条書きは積極的に使いたい表現形式です。ビジネス文書でよく使われる記書きは箇条書きが効果的に使われている例です。

❶ 箇条書きの役割

箇条書きにすると、ある小さな単位の情報が区切って示されるため理解しやすくなります。適度の空白が生まれるため読み手の目に留まりやすく注意が促される利点もあります。次のような場合に箇条書きが使われます。

- 要点をまとめて示すとき
- 事柄を分類して示すとき
- 複数の構成要素を示すとき
- 手順を説明するとき
- 注意点を列挙するとき
- 複数の条件を示すとき

❷ 箇条書きを記述する順序

箇条書きの各項目を並べるとき、思い付くままに並べていくと、まとまりが感じられないものになり、「行頭に記号を付ける箇条書き」と「行頭に番号を付ける箇条書き」に分けて、箇条書きの記述順序を示します。

● 行頭に記号を付ける箇条書き

通常、箇条書きの行頭には「・」や「●」などの行頭文字を付けて示します。こうすることで、各項目が視覚的により強調されてわかりやすくなります。

項目を並べるとき、順不同に並べても読み手は最初のほうにある項目がより重要であるととらえます。そこで、項目を並べる順序を次のようにすると、自然なまとまりで読めるようになります。

- 重要な順に並べる。
- 関連がある項目を隣りに並べる。
- 平面あるいは空間的な順（左から右、上から下、北から南、前から後ろなど）で並べる。
- 興味の持てる順に並べる。
- 数字が大きい順（重い順、高い順、速い順、広い順など）に並べる。
- 数字が小さい順（軽い順、低い順、遅い順、狭い順など）に並べる。

● 行頭に番号を付ける箇条書き

箇条書きの行頭に数字を付けて示すことがあります。数字を付けるのは、次のような場合です。

- 操作の順、発生の順など、並べる項目に時間の要素が含まれているとき
- 順位をはっきり示したいとき
- 説明文の中で、箇条書きの中の任意の項目について説明を加えるとき。番号があれば、本文の中で番号を使って箇条書きの中の特定の項目を指し示すことができる。

❸ 箇条書きの数

箇条書きの項目数は、できるだけ1桁に抑えます。2桁になると、項目数が多過ぎるという印象を読み手に与えます。箇条書きの項目数が多いときは、似たような内容・性格の項目にグループ分けして、それぞれのグループにグループを代表する名前を付けます。このようにすれば、項目数が多くても気にならなくなります。例を次に示します。

> 安全衛生の点検内容は、次のとおりです。
>
> ●「安全」の点検内容
> - 治具は、転倒、落下の恐れはないか。
> - 治具につまずきやすい場所はないか。
> - 工具類は、所定の場所に収納されているか。
> - 工具・器具などが、通路や階段に放置されていないか。
> - タコ足配線はないか。
> - コードやソケットの損傷はないか。
> - 床に油や水がこぼれて、滑りやすくなっていないか。
> - 高所に、不安定な状態で物が放置されていないか。
>
> ●「衛生」の点検内容
> - 画面への映り込みがあって見にくくないか。
> - 照度は適切か。
> - プリンターの騒音は気にならないか。
> - 清掃は定期的に行っているか。
> - デジタル機器の作業を無理な姿勢で行っていないか。
> - デジタル機器の作業の合間に休止時間を設けているか。
> - 机の足回りは狭くないか。高さは適切か。

❹ 箇条書きのパターンと使い方

箇条書きの表現方法には、次に示すようないくつかのパターンがあります。効果を考えながら、使い分けるようにしましょう。

● 短い項目を並べる箇条書き

名詞や短い体言止めの文を並べるパターンです。行末の句点は付けません。例を次に示します。

> 「交流スペース」の利用については、次の項目の提出が必要です。
> - 利用内容
> - 利用日
> - 管理責任者

●文を並べる箇条書き

文を並べる箇条書きのパターンも一般的です。1つの項目が2行以上になることもあります。基本的に行末には句点を付けますが、省略することもできます。

本文が「ですます体」であっても、箇条書き部分を「である体」にするのは問題ありません。そのほうがかえって引き締まった印象になります。

箇条書き部分の文末は統一します。たとえば「である体」にすると決めたらすべて統一します。体言止めと「である体」が混在するのは未整理という感じを与えるので避けましょう。例を次に示します。

> 人材の確保・育成、流出防止に関し、次のような取り組みがなされています。
> - 研究開発戦略と経営戦略を明確にリンクさせる。
> - 研究開発戦略に関する責任体制・意思決定の明確化。
> - 研究開発人材確保・育成のための制度を充実させる。
> - 研究者流出防止のための仕組み・制度の策定。

> 人材の確保・育成、流出防止に関し、次のような取り組みがなされています。
> - 研究開発戦略と経営戦略を明確にリンクさせる。
> - 研究開発戦略に関する責任体制・意思決定の明確化を図る。
> - 研究開発人材確保・育成のための制度を充実させる。
> - 研究者流出防止のための仕組み・制度を策定する。

●各項目に説明文が付く箇条書き

項目名を示したあと、次の行に短い説明文を入れるパターンです。例を次に示します。

> 研究施設への車両の入構手続きは、次のとおりです。
>
> **●本社の社有車両**
> 施設部発行の「車両入構許可証」を提示する。
> **●支店の社有車両**
> 当該支店発行の「車両入構許可証」では入構できない。正門警備室で、所定の入構手続きを済ませて入構する。
> **●関連会社の車両**
> 当該会社発行の「車両入構許可証」では入構できない。正門警備室で、所定の入構手続きを済ませて入構する。
> **●顧客、取引業者の車両**
> 正門警備室で所定の入構手続きをするか、施設部発行の「車両入構許可証」を提示する。
> **●社員の車両**
> 事前申請によって許可された車両だけが入構できる。

●コロン（：）を使う箇条書き

項目名のあとにコロンを入力し、それに続けて説明文を入れるパターンです。行をあまり使わずすっきりまとめることができます。例を次に示します。

日　時：2021年9月3日（金）10:00〜12:00
場　所：別館会議室
テーマ：ロジカルシンキング
対象者：全社員

●文の中に埋め込む箇条書き

改行しないで、行の中で数字やアルファベットを付けながら項目を挙げていくパターンです。読みやすくはありませんが、行数を増やしたくないとき、このパターンを使うことがあります。例を次に示します。

金融機関にとってのこれからの課題は、①自己資本の中身の改善、②収益性の改善、③地域金融機関の経営力強化である。

3　標題の付け方

適切な標題を付けることで、何に関する文書なのかすぐわかるようにすることが大事です。標題は、文書の種類や使われる箇所によって、件名、タイトル、見出しなど、別の呼び方をします。「表題」とも呼ばれます。読み手は、標題によってその文書を読む必要があるかを判断します。電子メールであれば、標題（件名）が不適切（たとえば「こんにちは」や「例の件」など）だと読み飛ばされてしまうこともあります。

標題は、20文字以内を目安に少ない文字数で簡潔に内容を伝えます。どのような文書も読み手が読んで初めて情報を伝えることができます。そのためには、何に関する文書なのか、読む必要があるのかといったことを的確に伝える標題を付けることが重要です。次に、不適切な標題と適切な標題の例を示します。

交流スペースの利用
講演会について
会議室利用のお知らせ

交流スペースの利用方法の変更
7月度定例講演会の案内
会議室利用規定変更のお知らせ

第1章
第2章
第3章
第4章
第5章
第6章
第7章
第8章
模擬試験
付録1
付録2
索引
資料

STEP 6 確認問題

知識科目

■ **問題 1** 次の枠内の文を2つの文に分けたとき、2つの文をつなぐ接続詞として適切なものを使っているのはどれですか。次の中から選びなさい。

> A社の昨年度の連結売上高は前年度比11%増の1200億円、純利益は同16%増の150億円で過去最高益を更新しあらためて収益力を認識させたが、株主総会では株主からの厳しい質問が多く寄せられた。

1　A社の昨年度の連結売上高は前年度比11%増の1200億円、純利益は同16%増の150億円で過去最高益を更新しあらためて収益力を認識させた。したがって、株主総会では株主からの厳しい質問が多く寄せられた。

2　A社の昨年度の連結売上高は前年度比11%増の1200億円、純利益は同16%増の150億円で過去最高益を更新しあらためて収益力を認識させた。しかし、株主総会では株主からの厳しい質問が多く寄せられた。

3　A社の昨年度の連結売上高は前年度比11%増の1200億円、純利益は同16%増の150億円で過去最高益を更新しあらためて収益力を認識させた。さらに、株主総会では株主からの厳しい質問が多く寄せられた。

■ **問題 2** 誤った表現の慣用句を次の中から選びなさい。

1　下にも置かぬもてなし

2　おぜん立てをそろえる

3　的を射た指摘

■ **問題 3** ある会社の営業部の月報を電子メールで送る場合の件名として、次の中から最も適切なものを選びなさい。

1　月報

2　営業部月報

3　2021年6月度営業部月報

■ **問題 4** 事実を述べた文はどれですか。次の中から選びなさい。

1　テレビ番組の天気予報で、「今日は秋晴れのさわやかな1日になるでしょう」と言っていた。

2　今日は、さわやかで気持ちが良い1日だった。

3　午後も良い天気が続くだろう。

Chapter

3

第3章
ビジュアル表現

STEP 1 文書のビジュアル表現

情報が伝わりやすい文書を作るためには、文章表現に気を付けるだけではなく、見やすく整理されたものにしなければなりません。文書のほとんどはPC（パソコン）で作られています。PCでは書体、文字サイズなどが自由に設定でき、図表やカラーなども自由に扱えます。余白、文字サイズ、書体、レイアウトなどの基本を学び、それをPCによる文書作成に生かせれば、読みやすく理解しやすい文書を作ることができるようになります。

1 文書の構成要素

文書は1ページまたは複数のページで構成されています。まず、文書にはどのような構成要素があるのか、またページの各部はどのように呼ばれているのかを図3.1に示します。

❶ 構成要素

各ページを構成している要素には、見出し、リード文、本文、キャプション、図表などがあります。

■図3.1　ページの構成要素

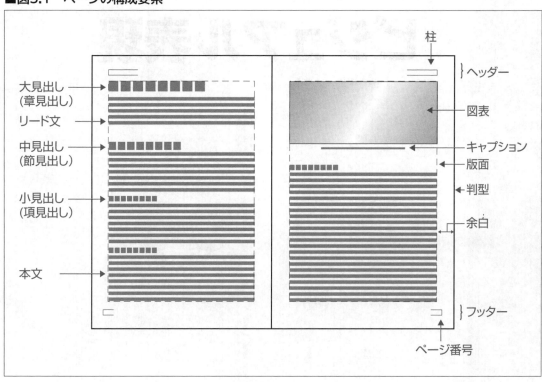

- 柱
- ヘッダー
- 大見出し（章見出し）
- 図表
- リード文
- キャプション
- 中見出し（節見出し）
- 版面
- 判型
- 小見出し（項見出し）
- 余白
- 本文
- フッター
- ページ番号

● 見出し（タイトル）

見出しは本文の内容を要約した標題で、「タイトル」とも呼ばれます。ページ数が多い文書では、見出しに階層（レベル）を設けるのが普通です。3階層のときは、上位から順に、「**大見出し（章見出し）**」、「**中見出し（節見出し）**」、「**小見出し（項見出し）**」のように呼ばれます。

● リード文

ページ数が多い文書では、章や節の始めに章や節の要約文を入れることがあります。この要約文を「**リード文**」と呼びます。

● 本文（ほんもん、ほんぶん）

紙面の主要な部分を占める文章のことを「**本文**」と呼びます。

● キャプション

図表に添える短い説明文を「**キャプション**」と呼びます。表の場合はキャプションを表の上部に配置しますが、図の場合も同様に上部に配置することがあります。

❷ 各部の名称

ページの各部には、判型、版面、余白（マージン）、ヘッダー、フッターなどの呼び名があります。

● 判型（はんがた、はんけい）

判型は、文書の大きさを指す言葉です。「用紙サイズ」「ページサイズ」とも呼ばれます。判型は、JIS P 0138（紙加工仕上寸法）でその大きさが規定されています。ここで規定された大きさのものを「規格判」といいます。規格判にはA系列とB系列があり、企業内ではA系列が使われています。中心はA4判（210mm×297mm）で、その倍の面積のA3判（297mm×420mm）も細かい複雑な表やフローチャートなどに使われています。また、企業内ではあまり使われることがありませんが、B系列ではB4判（257mm×364mm）やB5判（182mm×257mm）があります。

● 版面（はんづら、はんめん）

文字や図表が入る本文領域を「**版面**」と呼びます。

● 余白（マージン）

判型と版面の間の空白部を「**余白**」と呼びます。「マージン」とも呼ばれます。

● ヘッダー

ページ番号や日付を入れるページの上部の余白部分を「**ヘッダー**」と呼びます。

● フッター

ページ番号や日付を入れるページの下部の余白部分を「**フッター**」と呼びます。

● ページ番号（ノンブル）

各ページのヘッダーまたはフッターに入れるページの順序を示す数字を「**ページ番号**」と呼びます。「ノンブル」とも呼ばれます。

● 柱（はしら）

ヘッダーまたはフッターに、大見出しや中見出しを小さな文字サイズで入れたものを「**柱**」と呼びます。
Wordでは、ヘッダーやフッターにファイル名や作成者名を表示させることができますが、これらは柱の一種と考えることができます。

2　書体

特定のデザインで統一された文字の集まりを「書体」といいます。書体には、漢字、ひらがな、カタカナ、数字、アルファベット、記号を含みます。さらに、日本語には日本語用の「**和文書体**」が、数字やアルファベットには英数字用の「**欧文書体**」があります。書体は、「フォント」とも呼ばれます。

❶ デザインから見た書体の分類

和文書体は、デザインから見た場合、次のように分類できます。

●明朝体
縦の線が太く横の線が細い書体で、横棒の右端に「うろこ」と呼ばれる飾りがあります。可読性が良いため、文書の本文用書体として広く使われています。

●ゴシック体
縦と横の線の太さが同じで、視覚的に強い特性を持っています。見出しなどによく使われます。

●そのほかの書体
毛筆で書いたようなデザインの「楷書体」「行書体」「教科書体」などがあります。

●明朝体

和文の書体 ○──うろこ

●ゴシック体

和文の書体

●楷書体

和文の書体

欧文書体には、大きく分類すると、次の2種類のデザインがあります。

●セリフ体

縦の線が太く横の線が細い書体で、和文書体の明朝体に近いデザインです。「セリフ（ヒゲ飾り）」と呼ばれる飾りがある欧文書体の総称です。「セリフ系フォント」とも呼ばれます。

●サンセリフ体

縦と横の線の太さが同じで、和文書体のゴシック体に近いデザインです。セリフがない欧文書体の総称で、「サンセリフ系フォント」とも呼ばれます。

●セリフ体

ABCDEFGH ── セリフ

●サンセリフ体

ABCDEFGH

欧文書体にはこのほかに、手書き風のフォントなどもあります。

❷ 文字幅から見た書体の分類

書体は、文字幅が均一かどうかによって、次の2種類に分けることができます。

●固定ピッチフォント

和文書体は、基本的にすべての文字が同じ幅でデザインされていて、均等に文字が並びます。これを「固定ピッチフォント」といいます。固定ピッチフォントには、和文書体の「MS明朝」や「游明朝」、欧文書体の「Courier」などがあります。

●プロポーショナルフォント

文字ごとに適切な文字幅が設定されている書体を「プロポーショナルフォント」といいます。欧文書体はプロポーショナルフォントが一般的ですが、和文書体の「MSPゴシック」や「MSP明朝」などもプロポーショナルフォントです。

日本語の文字組みの場合、欧文書体が固定ピッチになっていると特定の文字「i」や「l」の間隔が空いて見栄えが悪いため、和文に固定ピッチフォントを、欧文にプロポーショナルフォントを使うのが、読みやすい組み合わせになります。

以下に、いろいろな組み合わせの例を示します。

<例>MS明朝とMSゴシックによる文字組み

固定ピッチフォントとプロポーショナル（proportional）フォントの違い
固定ピッチフォントとプロポーショナル（proportional）フォントの違い

いずれも欧文は文字の間隔が不ぞろいで、整った印象を与えません。

第1章
第2章
第3章
第4章
第5章
第6章
第7章
第8章
模擬試験
付録1
付録2
索引
資料

<例>MSP明朝とMSPゴシックによる文字組み

> 固定ピッチフォントとプロポーショナル（proportional）フォントの違い
> **固定ピッチフォントとプロポーショナル（proportional）フォントの違い**

同じ文字サイズでも、最初の例と比べると左右の幅がせばまっているのがわかります。読みやすいわけではありませんが、全体が引き締まって整った印象を与えるため、見出しに向いています。ただし、厳密にいうと、欧文の部分は本来の欧文書体のような洗練された形にはなっていません。

<例>欧文のセリフ系フォントCenturyとMS明朝、MSP明朝による文字組み

> 固定ピッチフォントとプロポーショナル（proportional）フォントの違い
> 固定ピッチフォントとプロポーショナル（proportional）フォントの違い

<例>欧文のサンセリフ系フォントArialとMSゴシック、MSPゴシックによる文字組み

> 固定ピッチフォントとプロポーショナル（proportional）フォントの違い
> 固定ピッチフォントとプロポーショナル（proportional）フォントの違い

上に示した2つの例は、いずれも和文書体と欧文書体を組み合わせることで、整った印象を与えています。Wordでもこのように和文書体と欧文書体を組み合わせて指定することができます。

3　文字組みの基本

文字組みは、文書の読みやすさに大きな影響を与えます。文字組みの基本に対する理解は、読みやすい文書を作るうえで必要です。

●文字サイズ
文字サイズの単位には、「ポイント（point）」が使われています。1ポイントは1/72インチ（0.3528mm）です。Wordの本文の標準の文字サイズは、10.5ポイントです。

●見出しの文字組み
通常、見出しには本文よりも大きい文字サイズが使われます。書体は、ゴシック体がよく使われます。

●本文の文字組み
本文の書体には明朝体、ゴシック体のどちらも使われています。紙に出力した場合の読みやすさは明朝体のほうが勝ります。

●キャプションの文字組み
キャプションは、文字サイズを本文よりも1ポイント程度小さくして書体も変えると、本文と区別しやすくなります。

●1行当たりの文字数
1行当たりの文字数は多過ぎると読みにくくなります。たとえばA4用紙の場合では、なるべく40字以内に抑えるようにします。

●行送り

「行送り」とは、ある行の基準になる位置から次の行の基準になる位置までの距離のことをいいます。本文の行送りは、本文の文字サイズの1.7倍程度が一般的です。本文の文字サイズが10.5ポイントの場合の行送りは約18ポイントになります。行送りの値は、少ないときで本文の文字サイズの1.5倍、多くても2倍程度にします。

行送りに似た言葉に「行間」があります。行間は行と行の間隔で、行送りが1.7倍の場合の行間は本文の文字サイズの0.7倍になります。本文の文字サイズが10.5ポイントの場合、行間は10.5×0.7で7.4ポイントです。

■図3.2　行送りと行間

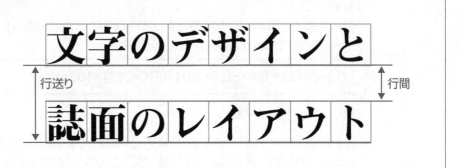

第1章
第2章
第3章
第4章
第5章
第6章
第7章
第8章
模擬試験
付録1
付録2
索引
資料

4 書式の設定

Wordでは、文書を作成するとき、まずページの書式を設定します。最初に版面の設計から入ります。

版面は判型と相似形にするのが基本です。厳密に考える必要はありませんが、このことを意識して上下左右のそれぞれの余白の値を設定します。

余白を決めるとき、目安になるのが「版面率」です。判型の面積に対する版面の面積の割合を版面率と呼びます。版面率の大小は、紙面から受けるイメージを左右します。版面率が大きいと伝える情報量が多く、活発な印象を与えますが、大き過ぎると圧迫感を与えます。逆に、版面率が小さいとすっきりした上品な印象を与えますが、伝えられる情報量は少なくなります。

一般の文書の版面率は60〜70%です。A4判の場合で、左右の余白を24mm、上余白を28mm、下余白を30mmと設定すれば、版面率は

$$(210-24\times2)\times\{297-(28+30)\}/(210\times297)\times100=62\%$$

になり、適切な値になります。

ここでは左右の余白を同じ値にしていますが、両面出力した用紙に穴をあけてファイルにとじるような場合は、左右の余白は見開き状態で内側の余白を多めにとるなどの調整が必要になります。

5 ページレイアウト

見出し、本文、図表、キャプションなどのページの構成要素を、ページの中に見やすく効果的に配置する作業を「ページレイアウト」と呼びます。読みやすい文書にするためには、適切なページレイアウトになるように配慮する必要があります。

ページレイアウトを行うときは、次のようなことを決めます。

- 判型をどうするか。
- 版面率はどれくらいにするか。
- 文字の組み方（見出しや本文の書体、文字サイズ、行送りなど）はどうするか。
- ヘッダーやフッターに何を表示させるか。
- 図表、キャプションなどは、何を基準にしてそろえるか。

これらのことを決めたうえで、レイアウトの方針や紙面のフォーマットを決め、ページレイアウトの作業に入っていきます。

6　テンプレートの利用

Wordでは、文書ファイルは、「テンプレート」と呼ばれる特別なファイルがもとになって作られます。

テンプレートには、次のような役割があります。

- 作成する文書のひな形になる。
- 作成する文書の書式を統一する。

Wordでは、文書ファイルを新しく作成するとき、あらかじめ用意されているテンプレートまたはすでに作成されている文書ファイルのどちらかをひな形にするのが一般的です。

社内連絡文書、社外連絡文書など、文書の種類ごとにテンプレートを作っておくと、その文書固有の書式が文書の種類ごとに統一して適用できるので、同一フォーマットの文書を効率よく作成できるようになります。

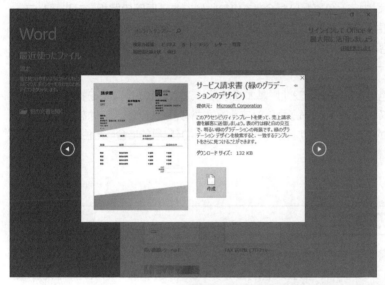

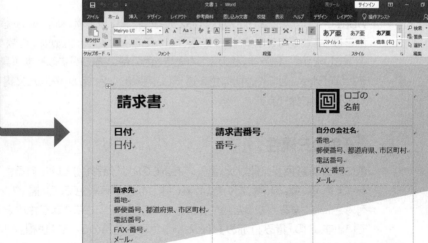

カラー化

カラーを用いた文書の場合は、色づかいの良し悪しで見た目の印象が左右されます。効果的な色づかいをマスターして、見る人に訴えかける文書を作成する技術が必要となってきています。

1　色の効果

よく考えられた色づかいの文書は、内容や説明の仕方とあいまって見る人を引き付けます。適切な色づかいをしている文書は、ポイントを強調し理解を助け良いイメージを与えます。反対に、色づかいに問題があれば、内容や説明の仕方とは無関係に、見る人にちぐはぐな印象を与えてしまいます。
P.260の図3.3は、内容と色づかいが合っていない例です。「原因の解析」を切り取っているので、この箇所が一番強調されているはずです。しかしその箇所に、逆に弱い色を使っているので、内容と色が合わず違和感を与えます。P.260の図3.4のようにすれば、内容と色の使い方が一致します。

図3.4のような色づかいをすることは、基本を理解しいくつかのポイントを押さえれば、そんなに難しいものではありません。色に対する感性が必要ということではなく、色は理論的に考えることができるからです。色づかいの基本を学び、目的に合った色づかいができるようになりましょう。

2　色づかいの基本

PC上で作る文書には、自由に色が付けられます。作った文書は、プロジェクターで直接映写したり、カラープリンターで出力して配付したりすることで、情報を効果的に伝えることができます。
Wordでは、理論上は1677万色（赤256段階×緑256段階×青256段階の組み合わせ）の色を扱うことができます。ほぼ無限といってもよいでしょう。逆に、色数が多過ぎて扱いに困ってしまうくらいです。そのようなとき、色の使い方に関する基本が身に付いていれば、それほど迷うことなく適切な色を選択し、効果的な色づかいをした文書に仕上げることができるようになります。

❶色の三属性

色には、「有彩色」と呼ばれる色みのあるものと、「無彩色」と呼ばれる色みのないものとがあります。赤、黄、緑、青、だいだい、紫のような色が有彩色で、白、黒、グレーが無彩色です。有彩色には、青みがかった色や赤みがかった色など、さまざまな色みをもった色が含まれています。この「青み」「赤み」などという色みの性質のことを「色相」といいます。
無彩色にも有彩色にも、明るい色や暗い色があります。このような色の明るさの度合いを「明度」といいます。
また、有彩色には、濃い色や薄い色があります。たとえば同じ赤い色でも、真っ赤に見える色も薄い赤に見える色もあります。真っ赤に見えるものは赤の色みが強く、薄い赤に見えるものは赤の色みが弱いためです。このような色みの強弱の度合いを「彩度」といいます。

このように、有彩色には「**色相**」「**明度**」「**彩度**」の3つの属性があり、これらを「**色の三属性**」と呼びます。この3つの属性の組み合わせによってさまざまな色が存在するのです。
一方、無彩色には明度しかありません。無彩色は、明度だけで色の違いを表現します。

❷ 色相

色相は切れ目なく変化していますが、一般的には円環状に分類して示します。これを「**色相環**」と呼びます。
色相環上には、それぞれの色相を代表する色として最も色みの強い24色が並べられています。この24色はいずれの色も、白や黒、グレーが混じっていない「**純色**」と呼ばれるものです。有彩色はすべて、これらの24色相のどこかのグループに分類されます。
色彩学習には12色相でも十分なので、本書では、以後、色相の説明をするときは、P.260の図3.5のような12色相の円環を使って行います。この色相環の中で、赤、黄、緑、青の4色は人間の色知覚の基本をなすため、「**心理四原色**」と呼ばれ色相分割の基本になっています。

3 色の演出

色によって、文書のイメージは大きく変わります。色の使い方を工夫することで、いろいろな演出ができるのです。色の性質を知り、積極的に利用しましょう。

❶ 色のイメージ

色を見たとき、その色や色の組み合わせによって、さまざまな感じ方があります。派手、地味、暖かそう、寒そうなどです。どの色がどのような感情をいだかせるかを知ることは、配色を考えるときに大事です。

●暖色と寒色

赤や黄を見ると、「暖かい」という感じがします。これらの色を「**暖色**」といい、まとめて「**暖色系**」と呼んでいます。色相環で示すと、P.261の図3.6の左上にある円弧で示した色になります。破線で示した色まで含めることもあります。暖色だけの配色の例をP.261の図3.7に示します。
一方、青や青緑を見ると、「冷たい」と感じます。それらの色は「**寒色**」といい、まとめて「**寒色系**」と呼びます。色相環で示すと図3.6の右下にある円弧で示した色になります。破線で示した色まで含めることもあります。寒色だけの配色の例をP.261の図3.8に示します。
暖色系と寒色系との中間にあって、暖かい、冷たいと感じない色が「**中性色**」になります。

● 興奮色と沈静色

暖色系の中で特に彩度が高い色は「興奮色」でもあります。赤やだいだいに囲まれると、呼吸や脈拍が高くなるといわれます。逆に、寒色系の色を見ると落ち着いた感じになります。これを「沈静色」といいます。

● 派手な色と地味な色

彩度が高い色は派手に見え、彩度が低い色は地味に見えます。元気な感じや楽しい感じを演出したいときは派手な色が使われ、落ち着いた感じにしたいときは地味な色が使われれます。

● 軽い色と重い色

白っぽい色は軽く感じられ、黒っぽい色は重く感じられます。明度が高い色は軽く見え、明度が低い色は重く見えるということです。

● 柔らかい色と硬い色

明度が高い色は軽く感じられると同時に柔らかくも感じられます。明度が高い色に少しグレーが混じったような色が特に柔らかく感じられます。しかし、最も明るい白は、反射がきついため柔らかい感じはしません。これに対し、黒や黒が混じった色は硬く見えます。

❷ 統一感のある配色

通常、色は1色だけ単独で使うことはなく、複数の色を組み合わせて使います。そこで、どんな色を組み合わせて使うかが大事になります。色の組み合わせ方で統一感を出す場合には、次のような配色を使うとよいでしょう。

● 色相に変化を付けながら同一または類似トーンで統一感を出す

「さえた」「鈍い」「明るい」「暗い」などと表現される色の調子のことを「トーン」と呼びます。色相で変化を付けながら、トーンを同一または類似のものにすると統一感が生まれます。トーンを統一すると、色数が多めになってもそれほど気になりません。P.262の図3.9は、この方法で配色した例です。

● トーンに変化を付けながら統一感を出す

同一または類似の色相を使ってトーンに変化を付ける方法で配色すると、統一感のある仕上がりになります。P.262の図3.10は、この方法で配色した例です。

● 色相とトーンを組み合わせながら統一感を出す

色相の変化とトーンの変化を組み合わせると、より変化を感じる配色が可能になります。ただし、範囲はあまり広げすぎないようにします。P.263の図3.11の2つの図は、この方法で配色した例です。

❸ 色相環を基準にした配色

色相環をもとにして、P.264の図3.12、図3.13のように色相環の上で等間隔に配色されている色を使うと、バランスが良くなります。図3.12は、色相環上で等間隔にある「黄みのだいだい」「青緑」「紫」の3色を使った例です。図3.13は、色相環上で等間隔にある「黄みのだいだい」「緑」「青」「赤紫」の4色を使った例です。例では、色相環上で等間隔になっていますが、厳密に等間隔にする必要はなく、ほぼ等間隔であれば問題ありません。色も色相環上の純色は使わず、彩度を低くしたり明度を落としたりすると落ち着いた感じになります。

❹ 変化がある配色

配色には、バランスと同時に変化も必要です。次のような方法があります。

● アクセントを付ける

統一感だけを考えると面白みに欠けることがあります。そのような場合は、やや離れた色相やトーンを一部に使うとアクセントとして際立たせることができます。P.265の図3.14は、離れた色相をアクセントとして使った例です。

● グラデーションで変化を付ける

色相やトーン、明度、彩度などを、徐々に変化させるグラデーションは、心地よく感じられます。また、変化が生まれるため、プロセスの図解などに使うと効果的です。P.265の図3.15は明度を変化させたグラデーションです。

4　色づかいのコツ

カラー化の目的は多種多様です。色を使うことで、意図したイメージを与えることが簡単になります。

❶ 目的による色の使い分け

カラー化は、何のためにそうするのか、どうしてその色を使うのかを明確にしながら行うことが大切です。カラー化には主に次のような目的があります。

● わかりやすくするためのカラー化

重要な箇所に彩度の高い色や暖色系の色を使ったり、全ページを通して同じ意味合いの図に同一の色を使ったりするとわかりやすくなり、意図した内容が伝わりやすくなります。

● ポイントを示すためのカラー化

特に強調したい部分に目立つ色を使うと効果的です。類似色相、類似トーン、類似彩度、類似明度で作られた配色の中に、離れた位置にある色を使うとアクセントカラーになり、注意を引き付けます。

● 対比を示すカラー化

対比を表現したいときは、「補色」を使うと効果的です。色相環で、反対側に位置している2つの色は補色関係にあります。P.266の図3.16に、補色関係の配色をした例を示します。

❷ 色相とトーンの使い方

色相とトーンの使い方を、図を使う目的によって、どのように使い分けるのか、その例を見ていきましょう。

P.266の図3.17は、3つの色相と1つのトーンでカラー化し、区分けを示した例です。そのほか、図の中の1か所を強調するために、1つの色相と2つのトーンでカラー化したり、区分けと強調の両方を示したいため、3つの色相と2つのトーンでカラー化したりするなどいろいろな組み合わせが考えられます。

知識科目

■ **問題 1** 用紙の判型に関する記述として、正しいものを次の中から選びなさい。

1 A4判とB4判では、A4判のほうが大きい。

2 A4判はA3判の倍の面積がある。

3 用紙のサイズはJISで規定されている。

■ **問題 2** 次の書体は何ですか。次の中から選びなさい。

和文の書体

1 明朝体

2 ゴシック体

3 楷書体

■ **問題 3** 補色の関係にある組み合わせはどれですか。次の中から選びなさい。

1 赤−青緑

2 黄−緑

3 紫−青緑

■ **問題 4** 暖色と寒色に関する記述として、正しいものを次の中から選びなさい。

1 暖色は「黄」や「赤紫」であり、寒色は「黄緑」や「青」である。

2 暖色は「赤」や「黄」であり、寒色は「青」や「青緑」である。

3 暖色は「紫」や「赤」であり、寒色は「青」や「黄緑」である。

■ **問題 5** 色の三属性についての説明として、正しいものを次の中から選びなさい。

1 「色相」とは、色みの強弱の度合いのことである。

2 「明度」とは、色の明るさの度合いのことである。

3 「彩度」とは、「青み」「赤み」など、色みの性質のことである。

Chapter

4

第4章
図解技術

STEP 1 図解の基本

図解には、伝えたい内容の概要やポイントをわかりやすく表現でき、内容を素早く伝えられるという特長があります。円や四角形、矢印などの図形はPC（パソコン）を使えば簡単に作ることができるため、図解は連絡文書や提案書、企画書などに広く使われるようになりました。

1 図解とは

図解は図の一種で、主に抽象的な概念、仕組みなどを、円や矢印で表現した概念図を指します。図4.1の「チャート」が図解の中心になります。チャートには、円、四角形、矢印などを使って表現した概念図やプロセス図、組織図などが含まれます。グラフも図解に含めて考えます。また、箇条書きや表など、文字が主なものについても、その中に視覚的な要素がかなり含まれている場合は図解として扱うことがあります。

■図4.1 図解の範囲

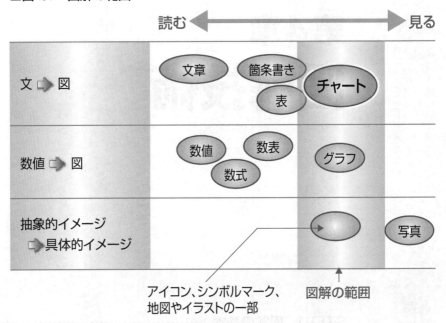

2 図解の役割

ビジネスの場では、誰もが日々さまざまな情報を発信し大量の情報を受け取っています。そのような状況の中で、必要な情報だけをタイミングよくすくい上げ、素早く理解したいというのが忙しいビジネスパーソンにとって切実な願いになっています。

そこで、情報を発信する側には、相手に「素早く」「わかりやすく」伝わるための工夫が求められることになります。そのための有効な手段のひとつが「図解」なのです。

図解が持つ効用をまとめると、次のようになります。

❶ 考えをまとめるのに役立つ

図解を利用することで、物事を整理し全体像を明確にするのに役立てることができます。複雑な物事を考えなければならないときは、考えていることを紙の上に丸や矢印を使って描き表してみると、物事の本質が見えてきたり矛盾に気づいたりすることがよくあります。図解にすること自体が、考えをまとめる手段になるといってよいでしょう。

❷ 情報を効果的に伝達する

よく整理された図解は、文章や口頭で説明するよりも全体像が素早く伝わります。重要ポイントを要約して伝えたいときや論旨を単純化して要素間の関係を明快に伝えたいときなど、図解を積極的に利用すると伝達効果が高まります。

❸ 相手を納得させることができる

内容がうまく表現された図解は、情報を効果的に伝達するだけでなく、さらに相手を納得させる力も持っています。提案書や企画書の中で要点をうまく図解で示すことができれば、大きな成果が期待できます。

3　ビジネス文書に使われる図解

ビジネスの現場では、提案書、連絡文書など、あらゆる文書に図解が使われています。図4.2は社内連絡文書の中に使われた図解の例です。文字だけでは説明しきれない内容を図解によってわかりやすく伝えています。

■図4.2　社内連絡文書の中に使われた図解

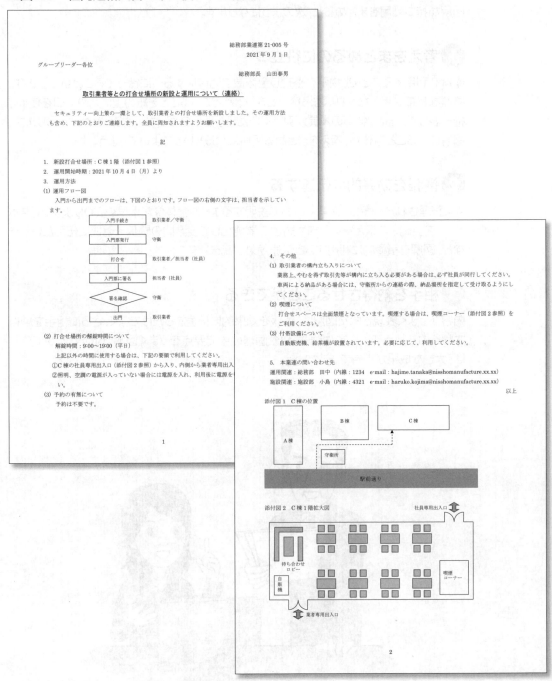

4 図解の条件

図解で表現し、その内容を正しく伝えるためには、気を付けなければならない点がいくつかあります。

❶ 図形が持つ性質を考える

図解で表現した内容を正しく伝えるために、次のような点に気を付けるとよいでしょう。

- 使い方や意味合いがある程度決まっている基本図形は、そこからあまり逸脱した使い方をしない。
  <例>あるキーワードを囲んで示すとき、四角形よりも円を使ったほうが、より求心力を感じさせることができる。

- 使い方が定着している図解のパターンは、同じような使い方をする。
  <例>循環を示したいときは、要素を円環状に配して矢印で結んで示す。

- 特定の図形は、一般に誰にも同じような印象を与えるため、そのことに配慮する。
  <例>水平方向の線には左右に発展していく方向性があり、安定感がある。垂直方向の線には上下に発展していく方向性があり、緊張感が見られる。

図形が持つこれらの性質を考慮して使うと、誰が見ても納得できる図解ができます。

❷ 図解にするうえで必要な項目を考える

伝えたい内容を図解としてまとめ、相手に正しく伝えるためには、次の3つの項目が必要になります。

- 図解の対象になるテーマと伝えるべき内容が明確であること。
- その内容をもとに、わかりやすい図解ができること。
- Wordの描画機能などを使って、実際に図解として仕上げ、相手に正しく伝えられること。

STEP 2 図解の形

図解は、いくつかの要素が互いに関連し合って1つの形を作っていると考えることができます。どんな複雑な図解でも、個々の構成要素を円や四角形で囲み、囲んだものをつなぎ、あるいは構成要素を配置するという作業によって作られています。そうすることで全体の状態や構造、構成要素間の関係を知らせることができます。また、構成要素間の動きや変化も表現できます。

1 囲み

図解で示すとき、独立した1つの要素であることを知らせる最も簡単な方法は、キーワードを円や四角形で囲むことです。囲んだ要素は、間隔を置いて並べたり、接触させたり重ねたりして1つのまとまった形にしていきます。囲んだものを分割して、1つの図解として完成させることもありますが、一般には、囲んだ要素を複数組み合わせることで1つの図解を作ります。

図4.3は、簡単な「囲み」の図解の例です。囲みの最も基本的な役割は、ほかのものと区別して目立たせることです。この図解は、3つの円（囲み）によって3つのキーワードを目立たせ、円同士を接することでそれらが互いに関連し合って1つのまとまったテーマを示していることを視覚的に訴えています。箇条書きと図解を見比べると、図解の持つ魅力や訴求力がよくわかります。

■図4.3 「囲み」による図解の例❶

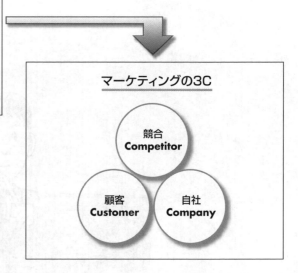

図4.4は、円（囲みの一種）を4つに分解して円の中に4つの囲みを作った図解です。全体の構成や関係を示したいとき、このように円や四角形を線で区切って示すことがあります。

■図4.4　「囲み」による図解の例❷

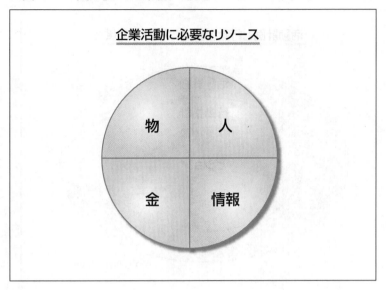

図4.5は、囲んだ図形（円）を3つ重ねて、重なった要素同士の関係も含めて全体の関係を示した図解です。重ねる図形の数は、2つのときや4つのときもあります。

■図4.5　「囲み」による図解の例❸

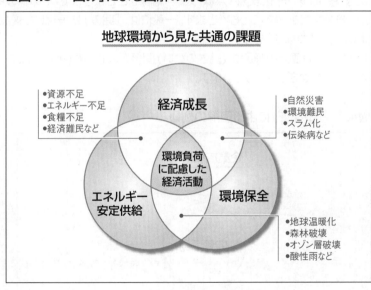

第1章
第2章
第3章
第4章
第5章
第6章
第7章
第8章
模擬試験
付録1
付録2
索引
資料

図4.6は、ある要素がほかの要素の中に包含されている図解です。これも「囲み」の一種になります。

■図4.6　「囲み」による図解の例❹

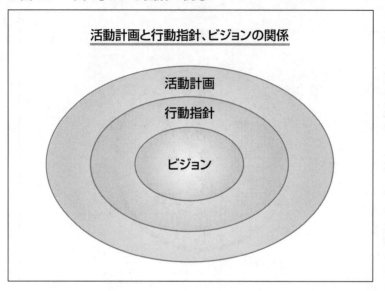

2 つなぎ

図形の構成要素同士を結んで、各要素を関連付ける線が「つなぎ」になります。つなぎの線は、直線・曲線、矢印、実線・点線、太線・細線などさまざまで、その線の種類によってつなぎの強弱などを表すこともできます。一般には、「囲み」で表現した複数の図形を関連付けるときに「つなぎ」を使います。

図4.7は、3つの要素の静的な（動きのない）関係を表現した図解です。このような関係の図解には、「つなぎ」が適しています。

■図4.7　「つなぎ」による図解の例❶

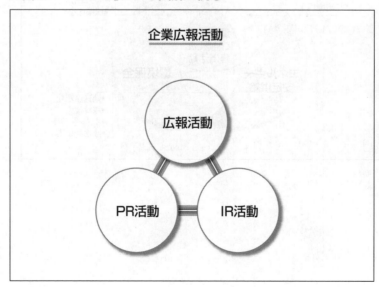

図4.8は、「顧客と関わる機能」と「顧客」を矢印で結んで、顧客中心の活動をしていることを示した図解です。また、6つの機能を線で結ぶことですべてが連携していることも併せて示しています。

■図4.8 「つなぎ」による図解の例❷

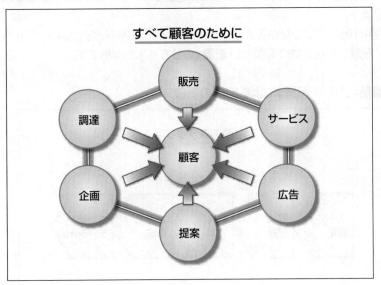

図4.9は、組織の体制を示した図解です。「つなぎ」を使った図解の一種ですが、このような図解を特に「組織図」と呼ぶこともあります。

■図4.9 「つなぎ」による図解の例❸

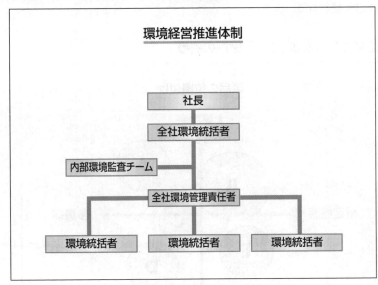

第1章
第2章
第3章
第4章
第5章
第6章
第7章
第8章
模擬試験
付録1
付録2
索引
資料

3 配置

複数の構成要素を、意味のある位置や順序で並べるのが「**配置**」です。座標軸やマトリックス上に要素を配置して相互の位置付けがわかるようにしたり、時間とともに変化する要素を時系列に並べて、何がどのように変化するのかを一目でわかるようにしたりするのに使います。

図4.10は、次につながるようなイメージの形状を囲みとして使い、さらにそれらを時系列に配置した（並べた）図解で、「配置」の最も基本的な形です。

■図4.10　「配置」による図解の例❶

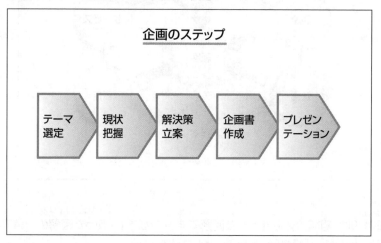

図4.11は、縦軸、横軸で構成された座標面に構成要素を配置したものです。この形の図解もよく使われています。

■図4.11　「配置」による図解の例❷

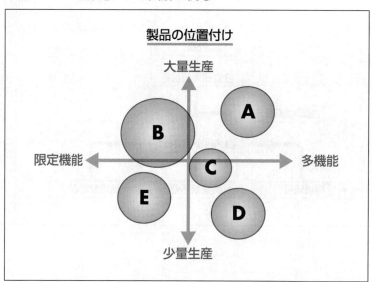

4 組み合わせ

実際の図解は、「囲み」「つなぎ」「配置」を組み合わせたものが大半です。「囲み」と「つなぎ」、「つなぎ」と「配置」、「囲み」と「配置」、「囲み」「つなぎ」「配置」のすべての組み合わせなどさまざまです。

図4.12は「囲み」と「つなぎ」を組み合わせた図解の例であり、図4.13は「囲み」「つなぎ」「配置」を組み合わせた図解の例です。

■図4.12 「組み合わせ」による図解の例❶

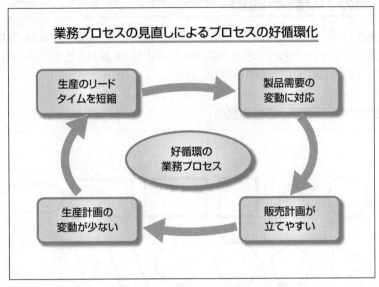

■図4.13 「組み合わせ」による図解の例❷

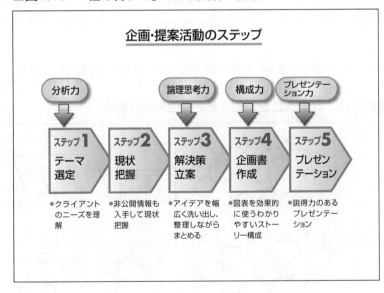

「囲み」の図形要素と「つなぎ」「配置」のパターン

実際の図解では、さまざまな図形要素によって表現した「囲み」の形を、いろいろな「つなぎ」のパターンで組み立て、ときにはいくつかの「配置」のパターンで全体をまとめています。数多くの図形要素を知り、「つなぎ」「配置」のいろいろなパターンを知っていると図解の幅が広がります。

1 「囲み」の基本図形

「囲み」の基本図形には、円や三角形、四角形、楕円、角丸四角形、菱形、五角形、六角形などがあります。それらの図形の中に、キーワードや文を入れて使うのが一般的です。
図4.14は、「囲み」に使われる基本図形です。

■図4.14 「囲み」の基本図形

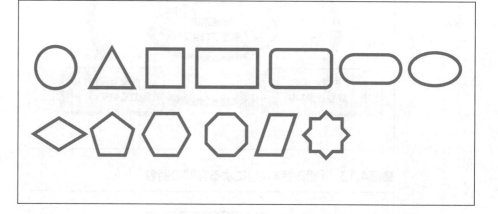

図4.15は、「囲み」に使われる基本図形を寄せ集めて作ったまとまりのある図形の例です。

■図4.15 「囲み」に使われる基本図形の寄せ集め

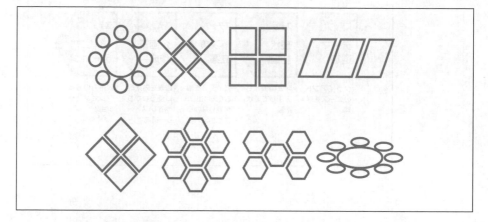

図4.16は、「囲み」の基本図形を、いくつかに区切って分割した例です。いろいろな区切り方がありますが、いずれも規則的な形にして整った印象を与えるようにします。

■図4.16　区切り方の例

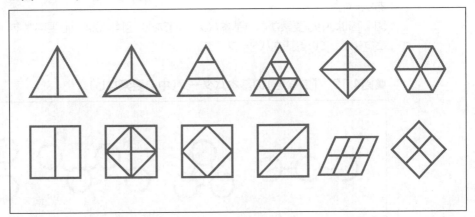

図4.17は、「囲み」に使われる基本図形を重ねて作った図形の例です。図解の内容に応じて適切な形を選んで使います。

■図4.17　重ね方の例

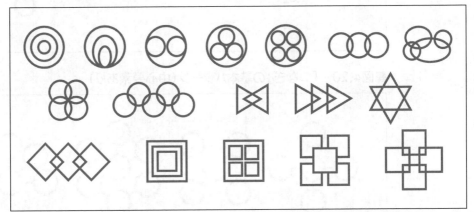

基本図形を区切ったものにほかの基本図形を重ねて使うと、少し複雑な図形が作成できます。図4.18に例を示します。

■図4.18　区切りと重ねを合わせた図形の例

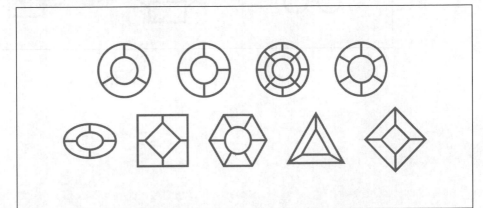

2 「つなぎ」のパターン

直線や円弧で図形要素をつないで作った「つなぎ」の図解には、基本パターンがいくつか
あります。

図4.19は、中心要素がない基本パターンであり、図4.20は中心要素があって周囲の要素
とつながっている基本パターンです。

■図4.19 「つなぎ」の基本パターン（中心要素なし）

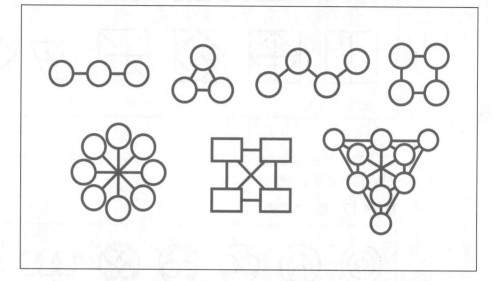

■図4.20 「つなぎ」の基本パターン（中心要素あり）

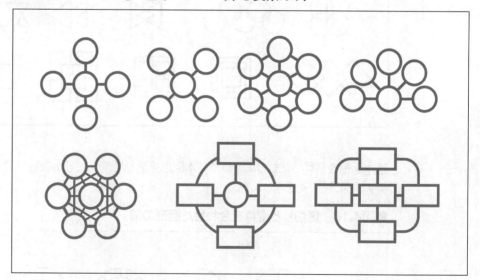

階層関係がある構造の場合は、上位の階層と下位の階層を直線でつないで、どのように分岐しているのかを示すことができます。
図4.21は、「つなぎ」で階層関係を示した基本パターンです。

■**図4.21　階層関係を示す「つなぎ」の基本パターン**

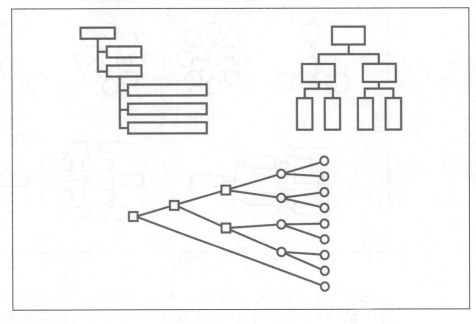

各要素を矢印でつなぐと、物や情報の移動や変化を図解にできるため、このパターンもよく使われています。
図4.22は、よく使われている矢印を使ったつなぎの基本パターンです。

■**図4.22　矢印による「つなぎ」の基本パターン**

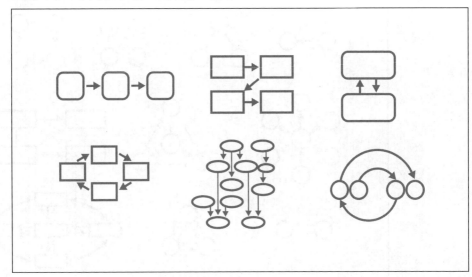

第1章
第2章
第3章
第4章
第5章
第6章
第7章
第8章
模擬試験
付録1
付録2
索引
資料

また、矢印を使って、拡散や収束を示す図解を作ることができます。
図4.23は、拡散・収束を示す基本パターンです。

■図4.23　拡散・収束の基本パターン

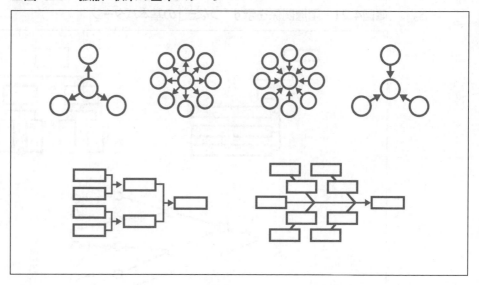

各要素を、両端矢印（直線や曲線の両端が矢印になっているもの）や双方向矢印（方向が正反対の2本の矢印が対になって使われているもの）でつないで相互の関係を示す図解を作ることができます。両端矢印は主に対立・対比や双方向コミュニケーションに、双方向矢印は主に相互作用や相互のやり取りの表現に使われます。
図4.24は、両端矢印や双方向矢印を使った基本パターンです。

■図4.24　両端矢印、双方向矢印を使った基本パターン

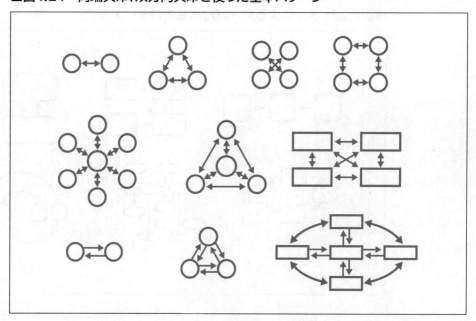

矢印を円環状に配置することで、同じプロセスを繰り返す循環を示すことができます。矢印は各要素をつなぐ円に沿って配置することが多いのですが、各要素を三角形や四角形の頂点に配して、直線の矢印で循環を表すこともあります。

図4.25は、循環を示す基本パターンです。

■図4.25　循環を示す矢印の基本パターン

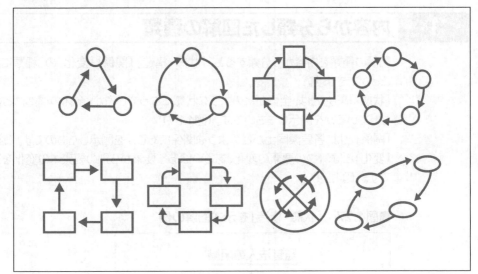

3　「配置」のパターン

次々と変化していくものや変遷を示したいとき、ある時間を経てある要素が別の要素に影響を及ぼすようなときは、時間軸に沿って並べるとわかりやすくなります。

図4.26は、時間軸に沿って要素を配置した基本パターンです。

■図4.26　時間軸に沿った配置の基本パターン

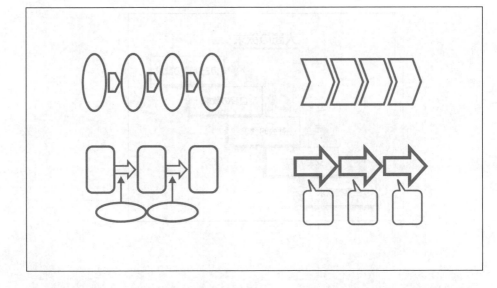

第1章
第2章
第3章
第4章
第5章
第6章
第7章
第8章
模擬試験
付録1
付録2
索引
資料

STEP 4 図解の種類

図解の内容を基準にして、どのような形にするかを決めるというアプローチの仕方があります。

1 内容から分類した図解の種類

図解の種類を内容から分類すると、「状態・構造」「関係」「変化」の3種類に大きく分けることができます。

「状態・構造」とは、全体がどのような状態になっているか、全体の構造はどのような形になっているかを図示したものです。（図4.27）

「関係」とは、各要素同士がどのような関係にあるかを図示したものです。（図4.28）

「変化」とは、1つの要素の変化、あるいはある要素から別の要素への変化を図示したものです。（図4.29）

■図4.27　「状態・構造」を示す図解の例

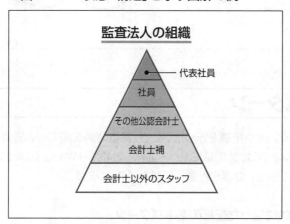

監査法人の組織

- 代表社員
- 社員
- その他公認会計士
- 会計士補
- 会計士以外のスタッフ

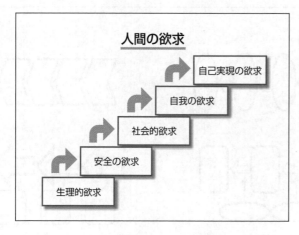

人間の欲求

- 自己実現の欲求
- 自我の欲求
- 社会的欲求
- 安全の欲求
- 生理的欲求

■図4.28 「関係」を示す図解の例

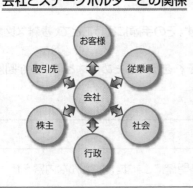

会社とステークホルダーとの関係

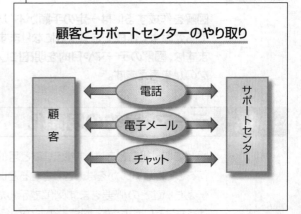

顧客とサポートセンターのやり取り

■図4.29 「変化」を示す図解の例

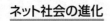

ネット社会の進化

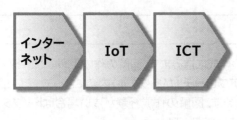

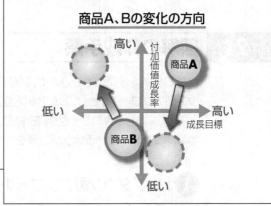

商品A、Bの変化の方向

2 図解の種類の決定

　簡単な図解の場合は、図解にしたい内容が、「状態・構造」「関係」「変化」の3種類の中のどれにあたるのかを考え、関連する図解サンプルの中から適当なものを探し出していくという方法で、図解の種類を決めながら進めていくことができます。

図解の作成

図解を作成するには一定の手順があります。その手順に従うことで、複雑な図解であっても効率よく作成できるようになります。

まずは、図解のテーマや目的を明確にし、それを伝えるためにはどのような図解が適当なのかを考えます。

1 テーマ・目的の明確化

図解に取り組むときは、まずテーマと目的を明確にします。誰にどんな内容を伝え、相手に何をしてほしいのかをはっきりさせるということです。

伝えたいことの概要をまず図解で示したり、複雑な内容を理解してもらうために図解を使ったりというように、図解そのものの役割も明確にします。

また、文書の中で使う図解もその位置付けを明確にしておきます。たとえば、文章では伝えにくいので図解を使う、印象に残るようにするために図解を使う、理解度を高めるために図解を使うというように、位置付けが明確であれば、図解を作るときにどこに注意しながら作るべきかがわかります。

2 図解の作成手順

図解の目的を明確にしたうえで、図解の作成に進みます。図解の作成手順には、「トップダウン型アプローチ」と「ボトムアップ型アプローチ」があります。内容によって、そのどちらかあるいは組み合わせて図解を作成します。図解の作成経験が浅い場合はトップダウン型アプローチで進めるほうが図解を作成しやすいでしょう。

❶ トップダウン型アプローチ

トップダウン型アプローチは、最初に図解の形（種類）を決めてから作成していく方法です。「囲み」「つなぎ」「配置」のさまざまなサンプルを眺めたり、P.115〜120に示すさまざまな図解パターンを眺めたりして、使う図解の形を決めます。形が決まったら、その形をもとに加工して完成させていきます。一部でも使えそうな形があれば利用します。

❷ ボトムアップ型アプローチ

ボトムアップ型アプローチは、最初から形を決めることはしないで、内容を分析しながら形を決めていく方法です。次のような手順で行います。

1 思い浮かぶキーワードなどを書き出す

図解のテーマを決めたら、そのテーマから思い浮かぶことをどんどん書き出していきます。キーワードを抽出して書いたり、短い文で表現したりします。

2 キーワードをグループ化する

キーワードが多いときは、関連のあるものを寄せ集めてグループ化します。

3 グループのラベルを付ける

グループ化したものには、そのグループ全体を指すラベルを付けます。ラベルは、グループ化したキーワード群の上位のキーワードであり、見出しと考えることができます。

4 状態・構造、関係、変化のいずれなのかを考える

キーワードを眺めながら、全体の「状態・構造」を示すのがよいのか、「関係」を示すのがよいのか、あるいは「変化」を示すのがよいのかを考えます。簡単に図解を起こしてみるのもよいでしょう。

5 徐々に図解を完成させる

図解の種類が決まったら、「囲み」「つなぎ」「配置」のいずれか、または組み合わせた形を作っていきます。最初から完成したものを作ろうとしないで、徐々に完成させていきます。

上記の「4」は、慣れないと時間がかかりますが、次のような考え方で進めます。
核になるキーワードがあり、状態・構造を示したいときは、そのキーワードを中心に置いて周辺にほかのキーワードを並べてみます。因果関係がありそうなときは、原因と結果を矢印でつないでみます。拡散・収束・変化・循環の関係にあるときは、要素を並べたうえで矢印でつないでみます。時間とともに変化する要因を含んでいるときは、時間軸に沿って並べる形にできるかを考えます。P.115～120に示すさまざまな図解パターンの中に適用できそうなものがあれば、それを使って当てはめてみます。

❸ ボトムアップ型アプローチの図解例

ボトムアップ型アプローチの仕方で、次の枠内の内容を図解にしてみましょう。

> 商品を販売している企業におけるサポート部門の役割は重要である。
> サポート部門では、お客様の相談を受けて必要なサポートをするだけでなく、ユーザーニーズを商品企画部門に伝える役割も果たしている。ユーザーニーズは商品企画部門から商品開発部門に伝えられ、商品に反映されてお客様のニーズに結び付いていく。

1 キーワードを抽出する

テーマは「サポート部門の役割」であり、キーワードは枠内の文章から抽出します。キーワードは次の【 】で囲んで示した8つになります。

> 商品を販売している企業における【サポート部門】の役割は重要である。
> サポート部門では、【お客様】の【相談】を受けて必要な【サポート】をするだけでなく、【ユーザーニーズ】を【商品企画部門】に伝える役割も果たしている。ユーザーニーズは商品企画部門から【商品開発部門】に伝えられ、【商品】に反映されてお客様のニーズに結び付いていく。

2 グループに分ける

キーワードを眺めていると、「サポート部門」→「商品企画部門」→「商品開発部門」→「商品」→「お客様」→「サポート部門」という大きな循環を示すグループと、「サポート部門」と「お客様」という小さな循環を示すグループがあることに気が付きます。

3 図解の方針を決める

循環という「変化」を矢印を使って「つなぐ」ことで全体を表現するというように方針を決めます。ここでは循環を、つなぎの基本パターンである「円環状にキーワードを配置し矢印で結んだ図解」で示すことにします。もう1つ、「サポート部門」と「お客様」の小循環があるので、これも円環状に示します。

4 図解で表現する

以上の2つの円環状の循環を示すと、図4.30のようになります。

■図4.30　2つの円環状の図解

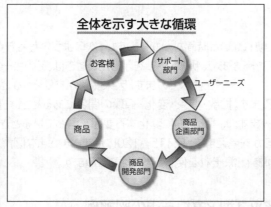

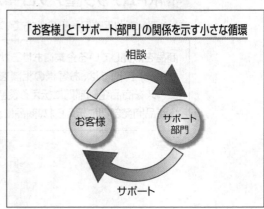

5 図解を完成させる

形を整えます。図4.30の、2つの円環状の図解を図4.31のように1つにまとめることができれば、全体の関係はよりわかりやすくなります。

■図4.31　1つの円環状にまとめた図解

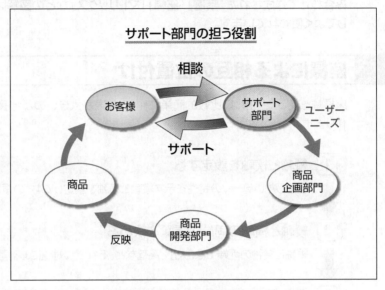

考え方のポイントとしては、次のようになります。

- 「**サポート部門**」と「**お客様**」とのやり取りは重要であり、サポート部門の大きな役割なので、両者間の矢印を目立たせてサポート部門の役割を強調できるようにするとよい。

- 「**サポート部門**」を中心にした活動なので、「**サポート部門**」に色を付けたり網かけをしたりして強調する。

- 矢印だけでは何を意味しているのかわかりにくいときは、矢印に言葉を添える。

- 伝えたい考えや情報を100％図解で表現するのは一般には難しいので、枝葉の部分は省略してポイントを絞り、できるだけインパクトがある図解表現を心がけるとよい。枝葉の部分も伝える必要がある場合は、文章や言葉で補足する。

- 抽出したキーワードは、すべて図解に含めなければならないということではない。最終的に、抽出したけれど使わないというキーワードが出てきてもよい。

第1章
第2章
第3章
第4章
第5章
第6章
第7章
第8章
模擬試験
付録1
付録2
索引
資料

図解の基本パターン

図解のパターンには、さまざまなものがあります。中でも、囲みやつなぎ、配置などを組み合わせて作成された「階層」「座標」「マトリックス」などの図解は基本的なパターンとしてよく使われています。

1　座標による相互の位置付け

座標軸を使った図解は、比較的簡単に作れ、効果が大きいのが特長です。次のようにして作ります。

1　縦軸と横軸を設定する

図解したいテーマの特性を示す縦軸と横軸を設定して4つの領域（象限）を作る。

2　縦軸と横軸の両端の言葉を決める

縦軸と横軸の両端には、大小、高低など、それぞれ対極にある言葉を置く。

3　要素を配置する

全体を見ながら、要素をどの位置に配置するのが適切かを考える。

■図4.32　座標軸を使った図解

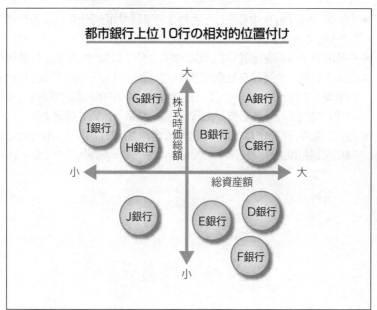

2 三角形による階層構造

三角形を水平線で仕切ると、階層構造を表す図解を作ることができます。
階層は、上部にいくほどより上位・高度になっていきます。

■図4.33 階層構造を表す図解

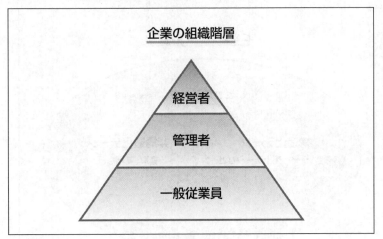

3 マトリックスによる位置付けの明示

縦軸、横軸を二等分または三等分して4つまたは9つの枠を作り、そこに適切な言葉などを配置していく図解です。全体の中の個々の位置付けや方針が明確になり、現状の認識や今後の対策に役立てることができます。

■図4.34 マトリックス

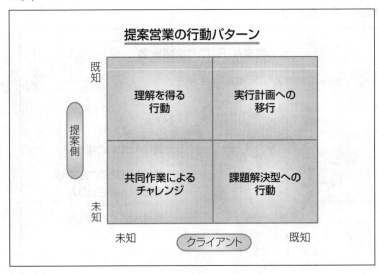

第1章
第2章
第3章
第4章
第5章
第6章
第7章
第8章
模擬試験
付録1
付録2
索引
資料

4 囲みによる包含関係

ある要素がほかの要素に包含されるような内容を図解したいときは、包含される要素を一回り大きい円や楕円で囲んで示します。

■図4.35　包含関係を表す図解

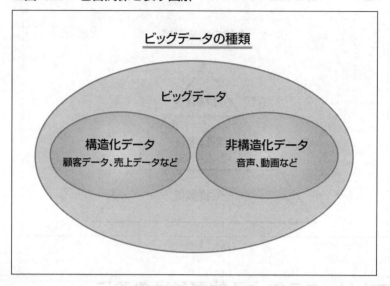

5 重なりを使った関連付け

円や楕円を重ねた図解はよく使われます。円や楕円の重なりを示すことで、複数の要素が互いにどのように関連し合っていて、全体として伝えたいことは何であるかを表現できます。

■図4.36　重なり

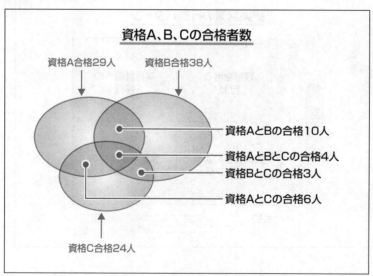

6 関連付けや影響を示す放射型図解

ある要素が複数の個別要素によって支えられている、あるいは関連付けられていることを示したいときは、その要素を中心に配置して放射状の図形にするとわかりやすくなります。

■図4.37　放射型図解❶

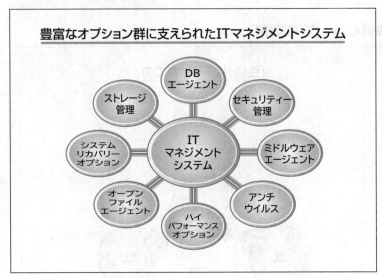

中心にある要素から、複数の要素に影響が及ぶ様子を図解したいときは、中心に置いた核になる要素から周辺の要素につなぎとして矢印を配置すると効果的です。

■図4.38　放射型図解❷

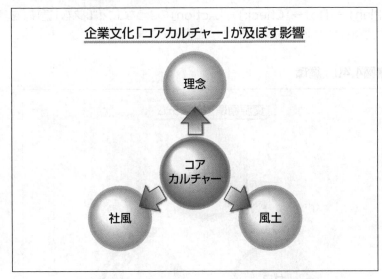

7　影響などを示す収束型図解

中心にある要素が、複数の要素の影響を受ける関係にある場合や、複数の要素の存在によって、1つの要素が成り立っていることを図示したいときは収束型図解が適しています。複数の要素が1つの要素に収束していく様子を示したいときも、この図解パターンが使えます。

■図4.39　収束型図解

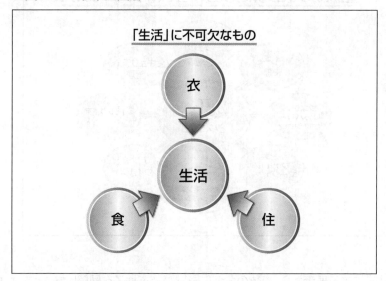

8　矢印で示す循環

「Plan」→「Do」→「Check」→「Action」のようなエンドレスな「循環」を表現したいときは、要素間を矢印で円環状につなぐと表現できます。

■図4.40　循環

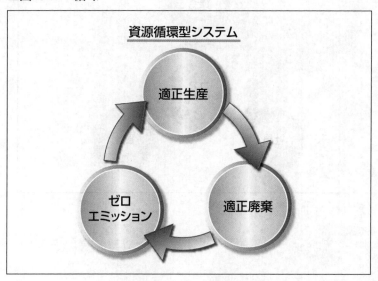

9 問題解決に使われるロジックツリー

ロジックツリーは、課題に対してトップダウン型で問題解決を進めるツールとして使われています。問題解決のために使ったとしても論理的に整理されているので、これをそのまま図解として使って相手の理解を求めたり説得したりすることができます。

ロジックツリーは、上位概念から下位概念に降りていくので、矢印は上位から下位の方向に向かいます。全体のバランスやロジックの構造によって、図4.41のように横方向（左→右）に作成する場合と、縦方向（上→下）に作成する場合があります。

■図4.41　ロジックツリー

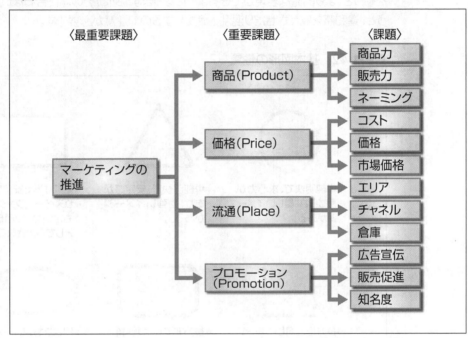

図解の基本ルール

基本図形や矢印が持つ性質など、図解するうえで理解しておきたいものがいくつかあります。ここでは、基本図形や矢印の形によって受ける印象の違いについて取り上げます。

1 基本図形の性質

基本図形は、それぞれの形によって与える印象が異なります。その違いを考えて基本図形を使うと、より的確な表現ができるようになります。逆に、その場に合わない形の図形を使うと、違和感を覚えさせたり混乱させたりするので注意が必要です。

■図4.42　基本図形の性質

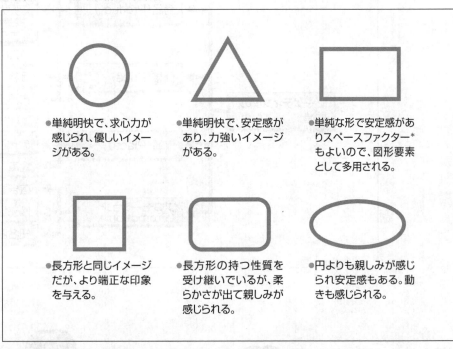

- ●単純明快で、求心力が感じられ、優しいイメージがある。
- ●単純明快で、安定感があり、力強いイメージがある。
- ●単純な形で安定感がありスペースファクター*もよいので、図形要素として多用される。
- ●長方形と同じイメージだが、より端正な印象を与える。
- ●長方形の持つ性質を受け継いでいるが、柔らかさが出て親しみが感じられる。
- ●円よりも親しみが感じられ安定感もある。動きも感じられる。

＊単位面積当たりの情報量を示す言葉です。単位面積当たりの情報量（文字数）が多い場合、スペースファクターがよいといいます。

2 矢印の形と意味

矢印は、要素と要素をつないで変化や時間の経緯、因果関係、相互関係、対立、回転、移動、分岐、集約など、さまざまな意味を表します。簡潔に表現できて直感的に意味が伝わる便利な記号であり、図解では多用されています。

いろいろな形の矢印があり、形によっておおまかな使い方があります。それを知ったうえで利用すると、図解が自然になり、内容が伝わりやすくなります。

■図4.43　矢印の形と意味

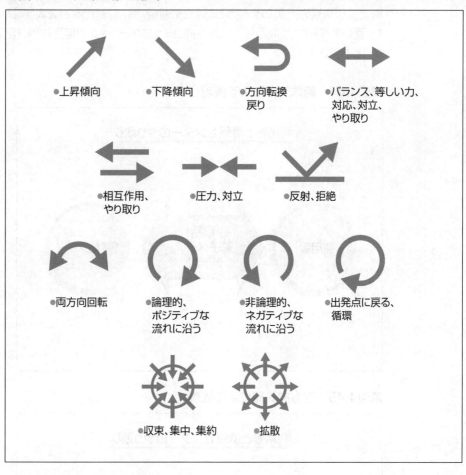

●上昇傾向　　　●下降傾向　　　●方向転換　　　●バランス、等しい力、
　　　　　　　　　　　　　　　　　　　戻り　　　　　　対応、対立、
　　　　　　　　　　　　　　　　　　　　　　　　　　　やり取り

●相互作用、　　　●圧力、対立　　　●反射、拒絶
　やり取り

●両方向回転　　●論理的、　　　　●非論理的、　　　●出発点に戻る、
　　　　　　　　　ポジティブな　　　ネガティブな　　　循環
　　　　　　　　　流れに沿う　　　　流れに沿う

●収束、集中、集約　　　●拡散

3　矢印の基本的な使い方

矢印は、さまざまな意味で便利に使われます。接続詞の代わりに使ったり、因果関係を示すのに使ったり、動作を示したりといろいろであり、矢印を使うことで図解はすっきりまとまります。

●順接、逆接の関係

矢印は、主に「したがって、〜になる」というような順接の関係を示す場合に使われます。「それで」「したがって」「だから」などの意味を持たせる場合に矢印を使えば、図解全体をすっきりまとめることができます。

また、「しかし」「けれども」といった逆接の関係を示す場合にも矢印を使うことができます。

●因果関係

原因と結果を示す場合に矢印を使います。原因とそれによって引き起こされる結果を、矢印ではさんで左右に配置すると、因果関係をわかりやすく示すことができます。通常、原因を左側に結果を右側に配置して、矢印を右方向に向けて示します。

●動作表現

動作を表す場合にも矢印は使われます。動作には、システムの動きや会社間におけるやり取りなども含まれます。矢印だけではどのような動作なのかわかりづらい場合は、矢印に文字を添えます。

●対立関係、コミュニケーション

両端矢印や双方向矢印を使うと、対立や対峙、対応、対比などを表すことができます。また、互いにやり取りしあうような双方向コミュニケーションや相互作用、相互依存などを表すこともできます。

■図4.44　両端矢印による表現

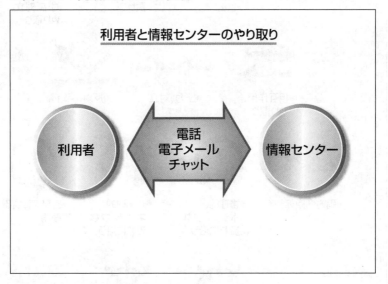

■図4.45　双方向矢印による表現

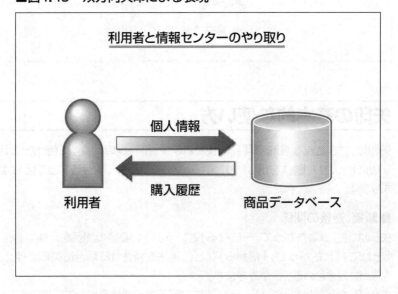

表現技術

せっかく作り上げた図解も、線の太さが全部同じくらいの細い線だったり単調な色づかいだったりすると、図解の魅力は半減してしまいます。線の太さや色などを工夫して、人の目を引き付けるメリハリがある表現にすることも大事です。

1　強調

図解の中の一部を特に強調したいときは、次のような方法で行います。

- 目立つ色にする。
- 網をかけたり、影を付けたりして周囲よりも目立つようにする。
- 矢印で示す。
- 周囲とは異なる形にする。
- 線を太くする。

2　全体の統一感

1つの文書を通して図解の表現を統一すると、全体がまとまった感じになります。主に、次のような項目の統一を図ります。

- 色の使い方
- 線の太さや種類の基準
- 基本図形の使い方
- 図解の中の文字の書体・大きさ

第1章

第2章

第3章

第4章

第5章

第6章

第7章

第8章

模擬試験

付録1

付録2

索引

資料

知識科目

■ **問題 1** 中心にある要素から、周辺の複数の要素に影響が及ぶ様子を図解したいときに使うものはどれですか。次の中から選びなさい。

1　循環型の図解
2　放射型の図解
3　収束型の図解

■ **問題 2** ロジックツリーはどのような場合に使われる図解ですか。次の中から選びなさい。

1　課題に対して、トップダウン型で問題解決を進めるツールとして使われる。
2　課題に対して、ボトムアップ型で問題解決を進めるツールとして使われる。
3　課題に対して、トップダウン型とボトムアップ型を組み合わせて問題解決を進めるツールとして使われる。

■ **問題 3** 次の矢印の意味は何ですか。次の中から最も適切なものを選びなさい。

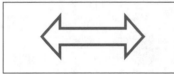

1　相互作用
2　対立
3　拒絶

■ **問題 4** 「Plan」→「Do」→「See」という循環を図解にしたいとき、A、B、Cの中から最も適切なものを選びなさい。

A
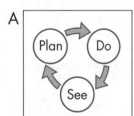

B
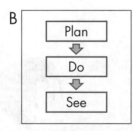

C
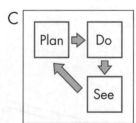

1　Aが適切
2　Bが適切
3　Cが適切

■ **問題 5** 次の図解を見てどう解釈するのが自然ですか。次の中から選びなさい。

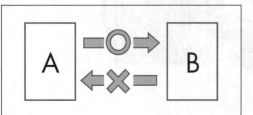

1　AはBのために仕事をし、BはAに対価を支払う。
2　Aから見ればBは先輩にあたり、Bから見ればAは後輩にあたる。
3　AからBへはアクセスできるが、BからAへはアクセスできない。

Chapter

5

第5章
ビジネス文書の
管理

STEP 1 文書データの管理

文書管理には、紙の文書の管理と、PC（パソコン）で作成して電子データとして扱う文書（電子文書）の管理があります。
ここでは、主に電子文書のデータ管理について説明します。

1 PCによる文書作成とデータ管理

PCによる文書作成とデータ管理の基本的な考え方に基づいて、フォルダーの分類の具体的な方法を説明します。

2 フォルダーの分類

フォルダーは利用しやすいように、一定の考え方で分類してフォルダー名を付けて管理します。分類には、次のようなものがあります。

- テーマによる分類
- 固有名詞による分類
- 時系列による分類
- 文書の種類による分類

1 テーマによる分類

文書をテーマや目的によって分類する方法があります。その文書が何について書かれたものかというテーマを基準に考えるもので、うまく分類できればわかりやすいものになります。しかし、一口にテーマといってもいろいろな切り口が考えられるため、適切なフォルダー名を付けるのはそれほど簡単ではありません。
この方法で分類するときは、次の点に注意します。

- わかりやすいフォルダー名にする。
- 全社または全部門で管理する場合は、フォルダー名に一貫性・統一性を持たせる。
- フォルダーが複数の階層で構成されるときは、階層ごとにフォルダー名のレベル（くくり方の大きさ）を合わせる。

図5.1は、テーマ（目的）で分類したフォルダー名の例です。「研修」という業務のテーマで分類しています。

■図5.1　テーマ（目的）で分類したフォルダー名の例

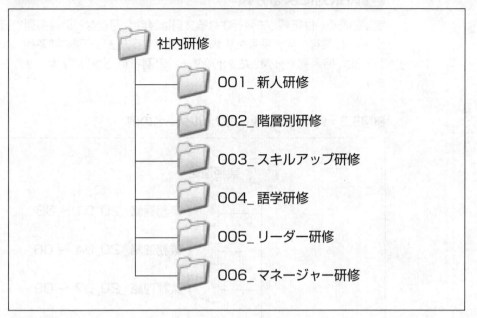

❷ 固有名詞による分類

文書を、関連する固有名詞で分類する方法もあります。固有名詞としては、商品名、組織名、プロジェクト名、顧客名、委員会名、人名などがあります。固有名詞を中心にしたほうが管理しやすいときに、この分類方法を採用します。

図5.2は、固有名詞で分類したフォルダー名の例です。顧客の会社名で分類しています。

■図5.2　固有名詞で分類したフォルダー名の例

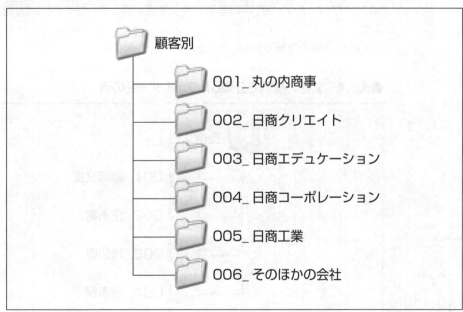

❸ 時系列による分類

定期的あるいは継続して発行される文書は、年度、月度などの時系列で管理する方法が便利です。文書の発行番号を基準にして分類する方法も一種の時系列になります。

図5.3は、時系列で分類したフォルダー名の例です。3か月ごとにフォルダーを分けています。

■図5.3 時系列で分類したフォルダー名の例

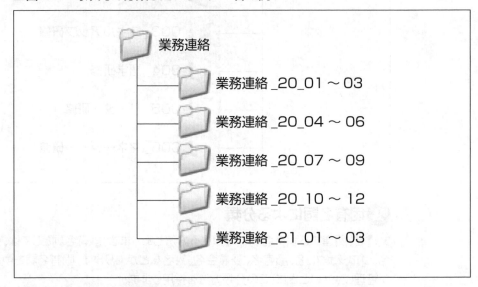

❹ 文書の種類による分類

連絡文書、報告書、提案書といった文書の種類によって分類する方法があります。文書ごとに分けたフォルダーは、次の階層で発行年度によって分類すると、より管理しやすくなります。

図5.4は、文書の種類で分類したフォルダー名の例です。

■図5.4 文書の種類で分類したフォルダー名の例

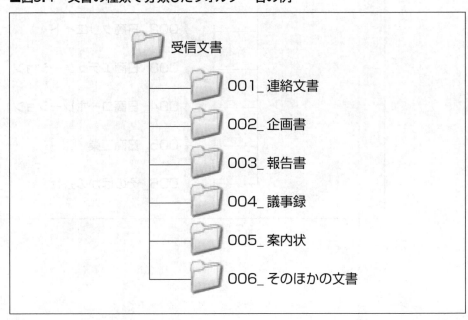

3 フォルダー名・ファイル名の付け方

フォルダーやファイルの名称は、検索しやすく、そしてそのフォルダーやファイルの内容が一目でわかるようなものにします。フォルダー名やファイル名で絞り込めれば目的のファイルを探すスピードが高まります。

通常、ファイルを探すとき、フォルダー名やファイル名を目で追って探すことが多いでしょう。フォルダーやファイルが意図したとおりに並ぶように名称の付け方を工夫しておくと検索しやすくなります。

図5.5は、顧客ごとに時系列に並ぶようにフォルダー名を付けた例です。年月日を示す数字とそのあとに続く提案名をアンダーバー（ _ ）でつなぐことで、切れ目が目立つようにして見やすくしています。たとえば「210420」は、2021年4月20日に行われた会議ということです。このようなフォルダー名にしておくと、会議の開催日順に並べることができ検索しやすくなります。

■図5.5　見やすいフォルダー名の例

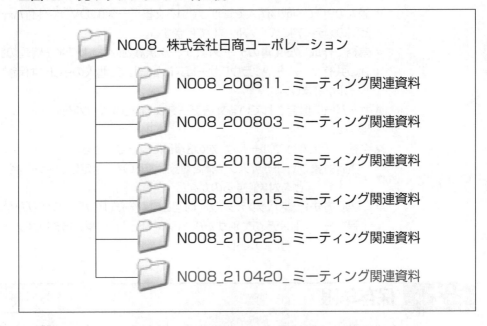

第1章
第2章
第3章
第4章
第5章
第6章
第7章
第8章
模擬試験
付録1
付録2
索引
資料

文書のライフサイクル

文書は、「作成」→「伝達」→「保管」→「保存」→「廃棄」というライフサイクルを持ち、このライフサイクルの中で利用されています。これは、紙で管理している文書であっても電子データで管理している文書であっても考え方は同じです。
このライフサイクルを確実に回していくためには、データのバックアップルールやデータの保存年限を決めておく必要があります。

1　文書データのバックアップルール

何らかの原因で電子データが消失する危険に備えて、データを別の複数のメディア・場所に保存することを「バックアップ」といいます。会社単位あるいは部門単位でバックアップのルールを決めて確実に実行していきます。
バックアップルールの考え方には、次のようなものがあります。

- 個人のPCで作成し個人で管理している文書データは、DVDや外付ハードディスクなど別のメディアにバックアップして保管する。
- 業務で作成した文書のデータは、データ保護とセキュリティー管理の観点から、会社の共有サーバーやクラウドサービスに保管して、個人のPCには保管しないというルールが好ましい。
- サーバーに保管されている文書データは、全社のバックアップルールに基づいて管理する。
- 全社のバックアップルールは、次の3項目について決める。
  - 実行対象：ハードディスク全体を対象とするのか、指定したドライブやフォルダーだけを対象にするのかなど
  - 実行方法：一括バックアップか、前回との差分だけのバックアップかなど
  - 保存先　：別メディア、別サーバーのハードディスク内、あるいはクラウドサービスや専門のストレージサービス業者など

2　保存年限

紙の文書および電子データは、作成されてから廃棄されるまでの期間である保存年限を適切に決める必要があります。この期間を決めて実行しないと、大量の文書や電子データが死蔵され、余分なスペースや空き容量が必要になります。

次のような観点で保存年限を決めます。

- 法定年限があるかどうか。
- 会社の業務にとってどの程度重要な文書なのか。
- 自部門で作成したものか、他部門で作成したもので再入手可能か。
- 作り直すとしたらどの程度の労力（技術、工数、コストなど）がかかるか。
- 歴史的・学術的・文化的価値はあるか。

保存年限は、一般に「1年」「3年」「5年」「7年」「10年」「永年」が使われています。「永年」は、10年経ったら見直すという運用がなされていると考えます。保存年限を満了した文書は、見直したあと、保存年限をさらに延長することもあります。一部の文書は、歴史的、学術的、文化的資料として永年保存するなどの措置をとります。
また、会計に関する文書など、文書によっては法定年限が定められているものもあります。

表5.1は、主な法定保存年限の例です。

■表5.1　民間企業に関わる法定保存年限

文書の種類	保存年限（年）
登記・訴訟関係書類、知的所有権に関する関係書類	永年
株主総会議事録、取締役会議事録	10
貸借対照表、損益計算書	7※1
仕訳帳、現金出納帳、固定資産台帳	7
領収書、預金通帳、小切手、手形控	7
源泉徴収簿（賃金台帳）	7
監査報告書	5
契約期限を伴う覚書、念書、協定書	5
一般の社内会議記録	3
労働者名簿、雇い入れ・解雇・退職に関する書類	3
派遣元管理台帳、派遣先管理台帳	3
軽易な通知書類、調査書類、参考書類	1
当直日誌、軽易な往復文書、受信・発信文書	1

※1　法人税法は7年、会社法では10年と定められています。

3　文書管理に影響を与える法規制

法定保存年限以外にも、文書管理に影響を及ぼす法規制があります。次のような法規制が、直接あるいは間接的に、文書管理に影響を及ぼします。

●電子帳簿保存法（平成10年7月施行、令和3年改正、令和4年1月1日施行予定）
紙による保存が義務づけられてきた国税関係帳簿書類の多くについて、一定の基準を満たせば電磁的記録を原本として保存してよいと定めています。

●行政機関の保有する情報の公開に関する法律（情報公開法）（平成13年4月施行、平成28年5月改正）
行政機関が作成・取得し、保有している一定条件下の文書の公開について定めた法律です。公開請求対応のためにも適正な文書管理が求められるようになりました。

●e-文書法（平成17年4月施行）
一定の条件を満たせば、民間企業においてすべての文書（一部の例外を除く）の電子保存を認めようとする法律です。

●製造物責任（PL）法（平成7年7月施行）
商品の安全性の責任が製造者側にあることを定めた法律です。商品の安全に関わる訴訟が万一起こったときに備えて、必要な証拠をそろえられるように関連する文書を適切に管理することが求められます。

●電子署名法（電子署名及び認証業務に関する法律）（平成13年4月施行）
電子署名が手書き署名や押印同様に適用される法的基盤を整備したものです。

知識科目

■ **問題 1** 定期的に発行される文書を分類するとき一般に使われるのはどれですか。次の中から選びなさい。

1　固有名詞による分類

2　時系列による分類

3　テーマ名による分類

■ **問題 2** 区切りの符号を使ったフォルダー名やファイル名として適切な符号を使っているものはどれですか。次の中から選びなさい。

1　aaa/bbb/ccc

2　aaa_bbb_ccc

3　aaa+bbb+ccc

■ **問題 3** 「e-文書法」の説明として適切なものはどれですか。次の中から選びなさい。

1　民間企業において、一定の条件を満たしたすべての文書（一部の例外を除く）の電子保存を認める法律。

2　紙による保存が義務づけられてきた国税関係帳簿書類の多くについて、一定の基準を満たせば電磁的記録を原本として保存してよいと定めた法律。

3　行政機関が作成・取得し、保有している一定条件下の文書の公開について定めた法律。

■ **問題 4** 文書管理に影響を及ぼす法律はどれですか。次の中から選びなさい。

1　著作権法

2　不正競争防止法

3　行政機関の保有する情報の公開に関する法律（情報公開法）

■ **問題 5** 民間企業における紙の文書および電子データの保存年限に関する記述として正しいものはどれですか。次の中から選びなさい。

1　文書の種類によっては、保存の法定年限が定められている。

2　業務に関わりのある紙の文書および電子データは、すべて1年以上保存しなければならない。

3　紙の文書および電子データ保存の法定年限は定められておらず、会社ごとに保存年限を決めることが義務づけられている。

Chapter

6

第6章
わかりやすい
ビジネス文書の作成

STEP 1 作成する文書の確認

この章で作成する文書を確認します。

1 作成する文書の確認

次のようなWordの機能を使って、見やすいビジネス文書を作成します。

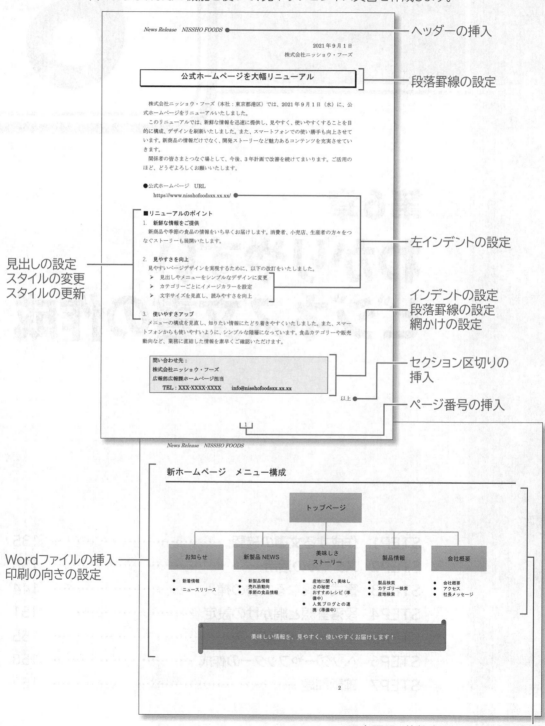

- ヘッダーの挿入
- 段落罫線の設定
- 左インデントの設定
- インデントの設定 / 段落罫線の設定 / 網かけの設定
- セクション区切りの挿入
- ページ番号の挿入
- 見出しの設定 / スタイルの変更 / スタイルの更新
- Wordファイルの挿入 / 印刷の向きの設定
- 日本語用・英数字用のフォントの変更

STEP

2

スタイルの活用

「スタイル」とは、フォントやフォントサイズ、下線、インデントなど複数の書式をまとめて登録し、名前を付けたものです。スタイルには「見出し1」や「見出し2」といった見出しのスタイル以外にも「表題」や「引用文」などのスタイルが豊富に用意されています。スタイルを設定すると、構成を確認したり変更したりする場合に、管理しやすくなります。

ここでは、見出し1、見出し2、リスト段落のスタイルの設定、スタイルの変更、スタイルの更新について説明します。

1 スタイルの設定

文書に階層構造を持たせるには、「見出し」と呼ばれるスタイルを設定します。Wordにはあらかじめ、「見出し1」や「見出し2」などの見出しスタイルが用意されており、見出し1が一番上位のレベルになります。見出しを設定しない文章は「**本文**」として扱われます。

見出しを設定すると、見出しだけを抜き出して一覧で表示したり、見出し単位で文章を入れ替えたりできます。

 見出し1の設定

次の箇所に、見出し1を設定しましょう。

■リニューアルのポイント

 フォルダー「第6章」のファイル「ニュースリリース0901」を開いておきましょう。

①「■リニューアルのポイント」の行にカーソルを移動します。

※行内であれば、どこでもかまいません。

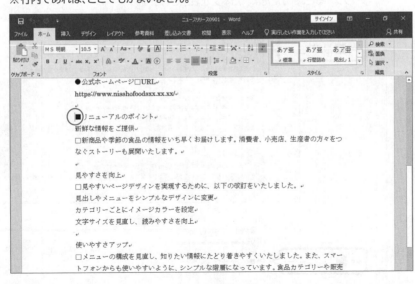

②《ホーム》タブを選択します。

③《スタイル》グループの （見出し1）をクリックします。

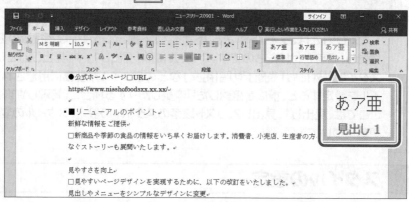

「■リニューアルのポイント」に見出し1が設定され、行の左端に「・」が表示されます。

※見出しを設定すると、文書の左側にナビゲーションウィンドウが表示される場合があります。表示された場合は、《表示》タブ→《表示》グループの《ナビゲーションウィンドウ》を にしてナビゲーションウィンドウを非表示にしておきましょう。

操作のポイント

その他の方法（見出し1の設定）

◆ Ctrl + Alt + １ぬ

スタイルを標準に戻す

Wordに入力した文章は、初期の設定で （標準）の書式が設定されています。
スタイルを設定後、スタイルが設定されていない状態に戻すには、 （標準）をクリックします。

本文の折りたたみ

見出しとして設定した箇所をポイントすると、◢ が表示されます。◢ をクリックすると、見出しの下の本文を折りたたむことができます。
本文が折りたたまれた見出しには、▷ が表示されます。▷ をポイントすると、▶ に変わります。▶ をクリックすると、折りたたまれた本文が表示されます。

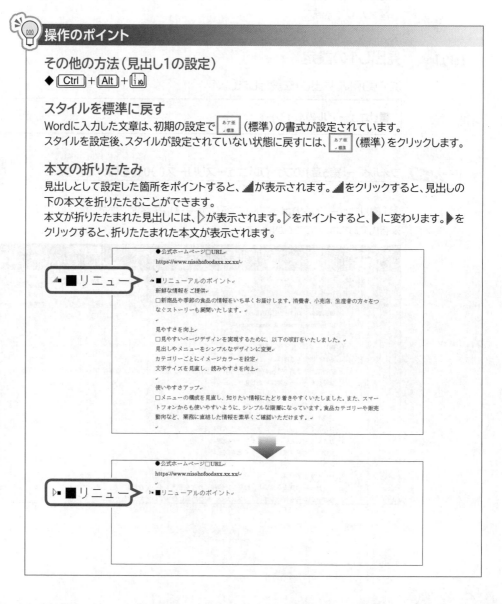

Let's Try 見出し2の設定

次の箇所に、見出し2を設定しましょう。

新鮮な情報をご提供
見やすさを向上
使いやすさアップ

---

①「新鮮な情報をご提供」の行にカーソルを移動します。
※行内であれば、どこでもかまいません。
②《ホーム》タブを選択します。
③《スタイル》グループの ▼ (その他) をクリックします。

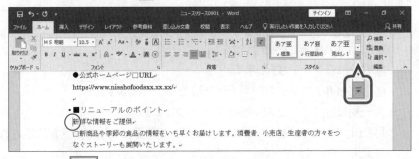

④一覧から あ亜 見出し2 (見出し2) をクリックします。

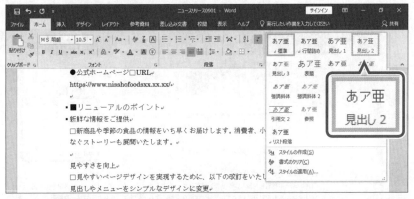

「新鮮な情報をご提供」に見出し2が設定され、行の左端に「・」が表示されます。
⑤同様に、「見やすさを向上」「使いやすさアップ」に見出し2を設定します。

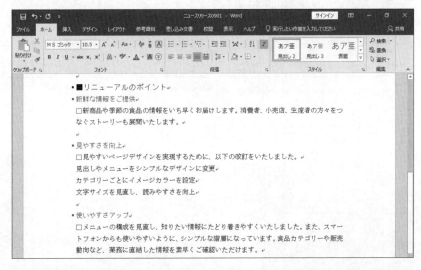

その他の方法（見出し2の設定）

◆ ⌈Ctrl⌉ + ⌈Alt⌉ + ⌈2ふ⌉

Let's Try リスト段落の設定

次の箇所に、リスト段落を設定しましょう。

> 見出しやメニューをシンプルなデザインに変更
> カテゴリーごとにイメージカラーを設定
> 文字サイズを見直し、読みやすさを向上

①「見出しやメニューをシンプルなデザインに変更」の行にカーソルを移動します。
※行内であれば、どこでもかまいません。
②《ホーム》タブを選択します。
③《スタイル》グループの ▼ （その他）をクリックします。
④一覧から あア亜 リスト段落 （リスト段落）をクリックします。
「見出しやメニューをシンプルなデザインに変更」にリスト段落が設定され、左インデントが変更されます。
⑤同様に、「カテゴリーごとにイメージカラーを設定」「文字サイズを見直し、読みやすさを向上」にリスト段落を設定します。

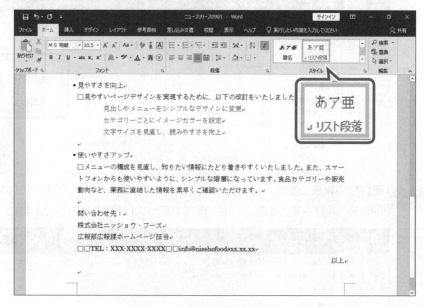

2　スタイルの書式の更新

スタイルの書式は、必要に応じて変更できます。スタイルの書式を変更する場合は、スタイルを設定した箇所の書式を変更します。その後、その書式をもとにスタイルを更新します。スタイルを更新すると、文書内の同じスタイルを設定した箇所すべてに書式が反映されます。

Let's Try ### スタイルの変更

文書に設定したスタイルを次のように変更しましょう。

●見出し2
　段落番号　　：1.2.3.
●リスト段落
　箇条書き　　：▶
　左インデント：5mm

見出し2のスタイルを変更します。

①「新鮮な情報をご提供」の行にカーソルを移動します。
※行内であれば、どこでもかまいません。
②《ホーム》タブを選択します。
③《段落》グループの ≔▾ （段落番号）の ▾ をクリックします。
④《1.2.3.》をクリックします。

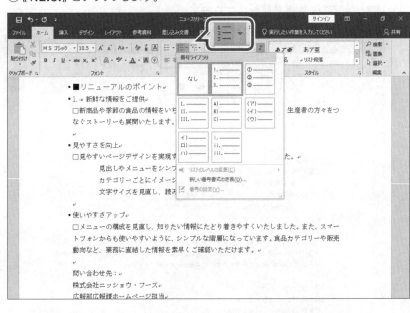

見出し2に段落番号が設定されます。

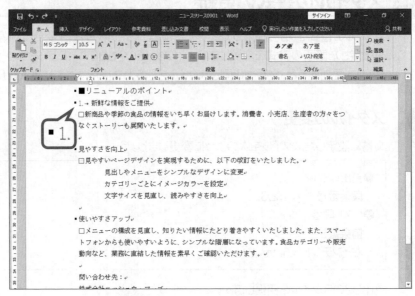

リスト段落のスタイルを変更します。

⑤「見出しやメニューをシンプルなデザインに変更」の行にカーソルを移動します。

※行内であれば、どこでもかまいません。

⑥《段落》グループの （箇条書き）の をクリックします。

⑦《 ➤ 》をクリックします。

リスト段落に箇条書きが設定されます。

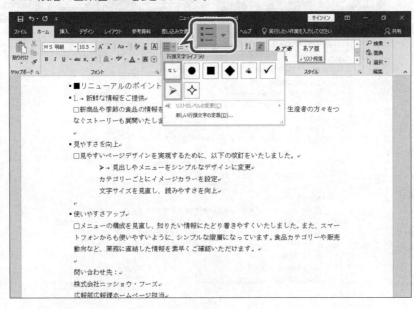

左インデントを変更します。

⑧《レイアウト》タブを選択します。

⑨《段落》グループの 14.8 mm ↕ （左インデント）を「5mm」に設定します。

左インデントが5mmに設定されます。

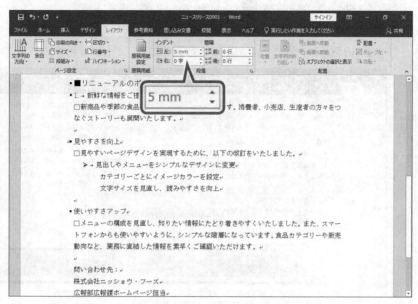

Let's Try スタイルの更新

見出し2とリスト段落に設定したスタイルを更新しましょう。

見出し2のスタイルを更新します。

①「1.新鮮な情報をご提供」の行にカーソルを移動します。

※行内であれば、どこでもかまいません。

②《ホーム》タブを選択します。

③《スタイル》グループの ▼ （その他）をクリックします。

④ あア亜 見出し2 （見出し2）を右クリックします。

⑤《選択個所と一致するように見出し2を更新する》をクリックします。

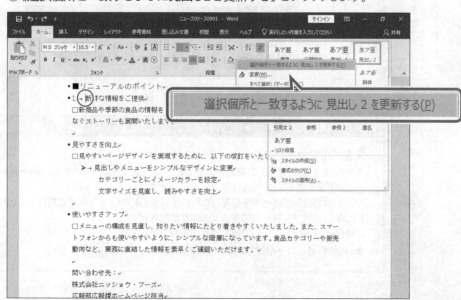

第1章
第2章
第3章
第4章
第5章
第6章
第7章
第8章
模擬試験
付録1
付録2
索引
資料

見出し2のスタイルが更新されます。

リスト段落のスタイルを更新します。

⑥「見出しやメニューをシンプルなデザインに変更」の行にカーソルを移動します。

※行内であれば、どこでもかまいません。

⑦《スタイル》グループの ▼ （その他）をクリックします。

⑧ （リスト段落）を右クリックします。

⑨《選択個所と一致するようにリスト段落を更新する》をクリックします。

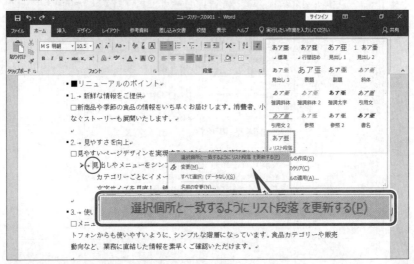

リスト段落のスタイルが更新されます。

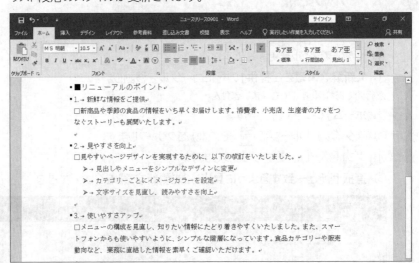

操作のポイント

スタイルセット

スタイルをまとめ、統一した書式を設定できるようにしたものを「スタイルセット」といい、「カジュアル」や「影付き」などの名前が付けられています。

あらかじめ文書にスタイルを設定しておくと、スタイルセットを適用するだけで、スタイルの書式がまとめて変更され、統一感のある文書が作成できます。

スタイルセットを適用する方法は、次のとおりです。

◆《デザイン》タブ→《ドキュメントの書式設定》グループの ▼ （その他）

第1章
第2章
第3章
第4章
第5章
第6章
第7章
第8章
模擬試験
付録1
付録2
索引
資料

書式の異なる文書の挿入

Wordの文書はひとつの「セクション」で構成されています。同じセクション内では、印刷の向きや用紙サイズなど異なる書式を設定できませんが、セクションを分けると、セクションごとに異なる書式を設定できます。
ここでは、セクション区切りの挿入、Wordファイルの挿入、ページ設定の変更方法について説明します。

1 セクション区切りの挿入

文書の中に「セクション区切り」を挿入すると、文書を複数のセクションに区切り、異なる書式を持つページを混在させることができます。印刷の向きが縦に設定されている文書の中で、あるページだけを横に変更したり、あるページの余白だけを変更したりできます。

Let's Try セクション区切りの挿入

文末にセクション区切りを挿入し、次のページから別の書式の文書を表示させるように設定しましょう。

①文末にカーソルを移動します。
※ [Ctrl] + [End] を押すと効率的です。
②《レイアウト》タブを選択します。
③《ページ設定》グループの ⊟区切り▼ （ページ/セクション区切りの挿入）をクリックします。
④《セクション区切り》の《次のページから開始》をクリックします。

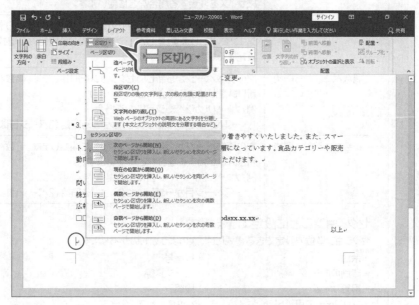

セクション区切りが挿入され、改ページされます。

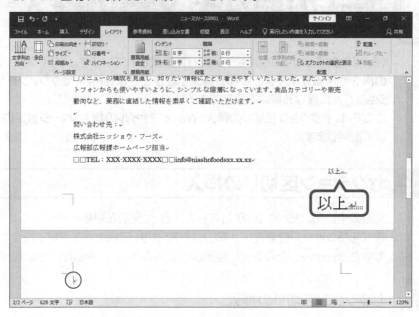

操作のポイント

セクション区切りの種類
セクション区切りには、次の4種類があります。

種類	説明
次のページから開始	改ページして、次のページの先頭から新しいセクションを開始します。同じ文書内で、セクションごとにヘッダーとフッター、印刷の向き、用紙サイズを変更する場合などに使います。
現在の位置から開始	改ページせず、同じページ内でカーソルのある位置から新しいセクションを開始します。同じページ内で、異なる段組みの書式や余白を設定する場合などに使います。
偶数ページから開始	次の偶数ページから新しいセクションを開始します。偶数ページから新しい章が始まる場合などに使います。 例）カーソルが2ページ目にある場合 　→4ページ目から新しいセクションを開始（3ページ目は空白）
奇数ページから開始	次の奇数ページから新しいセクションを開始します。奇数ページから新しい章が始まる場合などに使います。 例）カーソルが1ページ目にある場合 　→3ページ目から新しいセクションを開始（2ページ目は空白）

セクションごとに設定できる書式
セクション単位で設定できる書式には、次のようなものがあります。

・余白　　　　　　　　　　　　　・行番号
・印刷の向き　　　　　　　　　　・ページ罫線
・用紙サイズ　　　　　　　　　　・段組み
・プリンターの用紙トレイ　　　　・ヘッダーとフッター
・文字列の垂直方向の配置　　　　・ページ番号
　　　　　　　　　　　　　　　　・脚注番号と文末脚注番号

操作のポイント

セクション区切りの削除

セクション区切りを表す区切り線を選択し、[Delete]を押すと、セクション区切りを削除できます。

改ページ

任意の位置から強制的にページをあらためる場合は、「改ページ」を挿入します。改ページを挿入してもセクションは区切られません。
改ページを挿入する方法は、次のとおりです。

◆改ページを挿入する位置にカーソルを移動→《レイアウト》タブ→《ページ設定》グループの
[区切り▼] (ページ/セクション区切りの挿入) →《ページ区切り》の《改ページ》

また、見出しや段落番号などのスタイルが設定されている段落に改ページを挿入すると、改ページを挿入した箇所にスタイルが引き継がれることがあります。
スタイルが設定されていない状態に戻すには、《ホーム》タブ→《スタイル》グループの[あア亜 標準] (標準)をクリックします。

2 Wordファイルの挿入

作成中の文書に、別のWordファイルから文章を挿入できます。指定した位置に挿入できるので、複数のファイルに入力された文章をひとつにまとめるときなどに使うと便利です。

Let's Try 書式の異なるWordファイルの挿入

2ページ目に、ファイル「メニュー構成」を挿入しましょう。
ファイル「メニュー構成」は、印刷の向きが横向きに設定されています。

①2ページ目にカーソルがあることを確認します。
②《挿入》タブを選択します。
③《テキスト》グループの □▼ (オブジェクト) の ▼ をクリックします。
④ 2019
《テキストをファイルから挿入》をクリックします。

2016
《ファイルからテキスト》をクリックします。
※お使いの環境によっては、「ファイルからテキスト」が「テキストをファイルから挿入」と表示される場合があります。

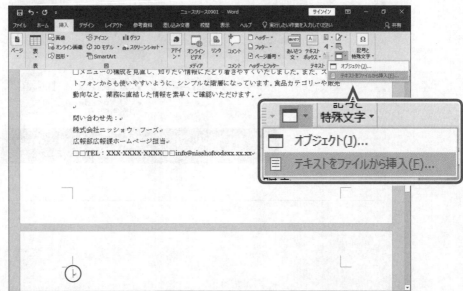

《ファイルの挿入》ダイアログボックスが表示されます。

ファイルが保存されている場所を選択します。

⑤左側の一覧から《PC》をクリックします。

⑥右側の一覧から《ドキュメント》をダブルクリックします。

⑦右側の一覧から「日商PC 文書作成2級 Word2019／2016」をダブルクリックします。

⑧右側の一覧から「第6章」をダブルクリックします。

⑨「メニュー構成」を選択します。

⑩《挿入》をクリックします。

ファイルが挿入されます。

※印刷の向きが横向きのため、レイアウトがくずれます。

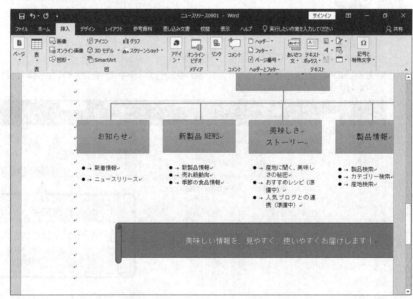

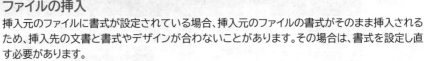

操作のポイント

ファイルの挿入

挿入元のファイルに書式が設定されている場合、挿入元のファイルの書式がそのまま挿入されるため、挿入先の文書と書式やデザインが合わないことがあります。その場合は、書式を設定し直す必要があります。

3　ページ設定の変更

挿入したファイルの印刷の向きや余白などのページ設定は、挿入先のファイルに合わせて自動的に変更されます。挿入したファイルが正しく表示されるようにするには、ページ設定を変更します。

挿入したページの情報量や体裁が元の文書と異なる場合は、余白を変更したり、フォントを変更したりすると見やすくなります。

Let's Try　印刷の向きの変更

2ページ目の印刷の向きを横に変更しましょう。

①新しいセクション内（2ページ目）にカーソルがあることを確認します。
②《レイアウト》タブを選択します。
③《ページ設定》グループの ▷ 印刷の向き ▾ （ページの向きを変更）をクリックします。
④《横》をクリックします。

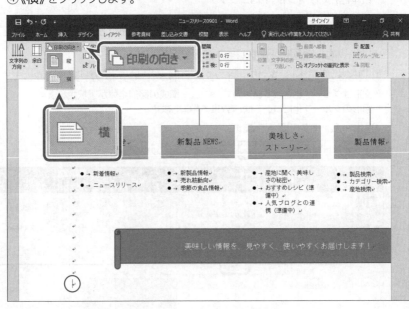

第1章　第2章　第3章　第4章　第5章　第6章　第7章　第8章　模擬試験　付録1　付録2　索引　資料

2ページ目の印刷の向きが設定されます。

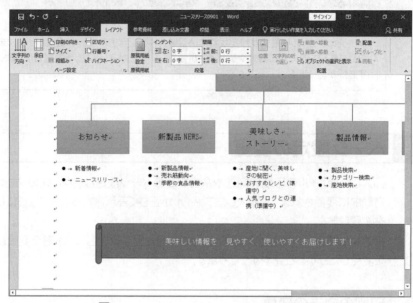

※ステータスバーの ▬ (縮小)を何回かクリックし、表示倍率を変更して文書全体のサイズを確認しておきましょう。確認後、表示倍率を元に戻しておきましょう。

Let's Try 日本語用のフォント・英数字用のフォントの変更

次のように、2ページ目にあるメニュー構成の図形のフォントを変更しましょう。

> 日本語用のフォント：MSゴシック
> 英数字用のフォント：Arial

メニュー構成の図形を選択します。

①図形をポイントし、マウスポインターの形が ↔ に変わったらクリックします。

※図形はグループ化されているので、メニュー構成の図形全体が選択されます。
図形のグループ化については、第7章で学習します。

②《ホーム》タブを選択します。

③《フォント》グループの 🔲 (フォント)をクリックします。

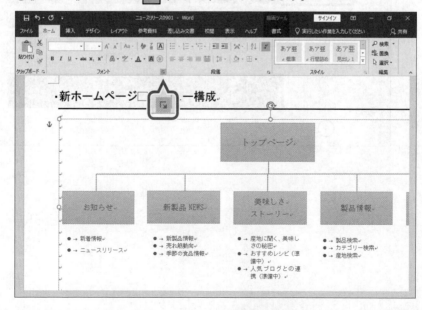

《フォント》ダイアログボックスが表示されます。

④《フォント》タブを選択します。

⑤《日本語用のフォント》の ∨ をクリックし、一覧から《MSゴシック》を選択します。

※一覧に表示されていない場合は、スクロールして調整します。

⑥《英数字用のフォント》の ∨ をクリックし、一覧から《Arial》を選択します。

※一覧に表示されていない場合は、スクロールして調整します。

⑦《OK》をクリックします。

第1章
第2章
第3章
第4章
第5章
第6章
第7章
第8章
模擬試験
付録1
付録2
索引
資料

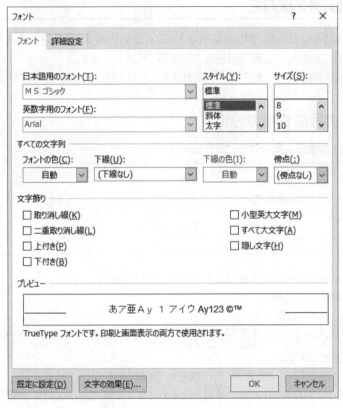

図形内のフォントが変更されます。

※選択を解除しておきましょう。

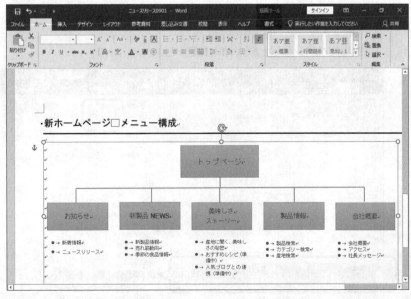

※スクロールして確認しておきましょう。

段落罫線と網かけの設定

段落を罫線で囲んだり網かけを設定したりすると、その段落を強調することができます。
ここでは、段落罫線や網かけの設定方法について説明します。

1 段落罫線の設定

「段落罫線」とは、段落に対して罫線を引くことをいいます。段落罫線を設定すると、水平
方向に直線を引いたり、段落を囲んだりすることができます。
また、罫線の種類や色、太さなどを変更することで、メリハリのある文書を作成できます。

Let's Try 標題への段落罫線の設定

1ページ目の標題を次のように設定しましょう。

フォント	：MSゴシック
フォントサイズ	：16ポイント
段落罫線	：影
罫線の太さ	：1.5pt

①「公式ホームページを大幅リニューアル」の行を選択します。

※行の左端をクリックします。

②《ホーム》タブを選択します。

③《フォント》グループの`MS 明朝`（フォント）の`▼`をクリックし、一覧から《MSゴシック》を選択します。

※一覧をポイントすると、設定後のイメージを画面で確認できます。

④《フォント》グループの`14`（フォントサイズ）の`▼`をクリックし、一覧から《16》を選択します。

※一覧をポイントすると、設定後のイメージを画面で確認できます。

フォントサイズが変更されます。

⑤《段落》グループの`田 ▼`（罫線）の`▼`をクリックします。

⑥《線種とページ罫線と網かけの設定》をクリックします。

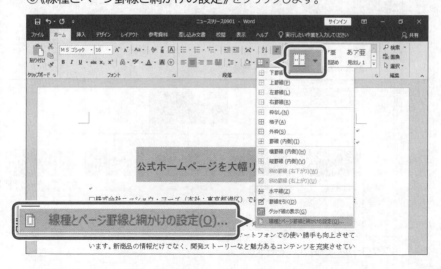

《線種とページ罫線と網かけの設定》ダイアログボックスが表示されます。

⑦《罫線》タブを選択します。

⑧右側の《設定対象》が《段落》になっていることを確認します。

⑨左側の《種類》の《影》をクリックします。

⑩中央の《線の太さ》の∨をクリックし、一覧から《1.5pt》を選択します。

⑪《OK》をクリックします。

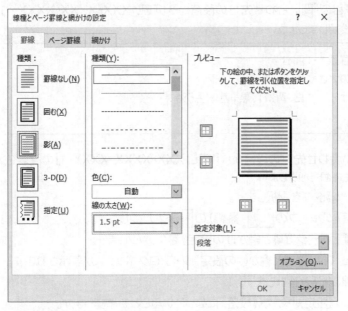

段落罫線が設定されます。

※選択を解除しておきましょう。

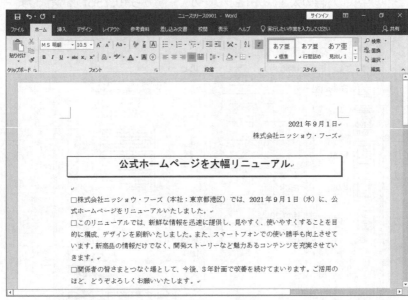

第1章
第2章
第3章
第4章
第5章
第6章
第7章
第8章
模擬試験
付録1
付録2
索引
資料

2 網かけの設定

段落には、網かけを設定することもできます。また、網かけの濃度や種類を選択して、さらに目立たせることもできます。

Let's Try 段落への網かけの設定

1ページ目の「問い合わせ先：」の段落から「TEL：XXX-XXXX-XXXX…」の段落を次のように設定しましょう。

段落罫線	：囲む
罫線の太さ	：0.75pt
網かけ	：白、背景1、黒+基本色5%
太字	

①「問い合わせ先：」の段落から「TEL：XXX-XXXX-XXXX…」の段落を選択します。
※行の左端をドラッグします。
②《ホーム》タブを選択します。
③《段落》グループの ▦▾ （罫線）の ▾ をクリックします。
④《線種とページ罫線と網かけの設定》をクリックします。
《線種とページ罫線と網かけの設定》ダイアログボックスが表示されます。
⑤《罫線》タブを選択します。
⑥右側の《設定対象》が《段落》になっていることを確認します。
⑦左側の《種類》の《囲む》をクリックします。
⑧中央の《線の太さ》の ▾ をクリックし、一覧から《0.75pt》を選択します。

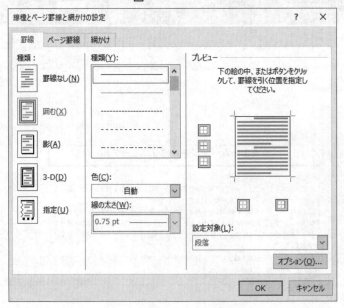

⑨《網かけ》タブを選択します。

⑩《設定対象》が《段落》になっていることを確認します。

⑪《背景の色》の ∨ をクリックします。

⑫《テーマの色》の《白、背景1、黒+基本色5%》をクリックします。

⑬《OK》をクリックします。

段落に網かけが設定されます。

⑭《フォント》グループの **B** (太字) をクリックします。

太字が設定されます。

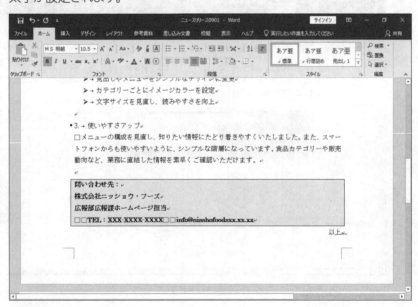

※選択を解除しておきましょう。

第1章
第2章
第3章
第4章
第5章
第6章
第7章
第8章
模擬試験
付録1
付録2
索引
資料

インデントの活用

「インデント」とは、行頭や行末の位置を任意に設定する機能のことで、段落単位で設定されます。インデントは、指定した字数分設定したり、任意の位置に設定したりできます。ここでは、字数を指定した左インデントと右インデントの設定、インデントマーカーを使った左インデントの設定方法について説明します。

1　字数を指定したインデントの設定

字数を指定してインデントを設定する場合は、《レイアウト》タブの《段落》グループにある ⌞0字　⌝（左インデント）や ⌞0字　⌝（右インデント）を使います。

Let's Try　字数を指定した左インデントの設定

「問い合わせ先：」の段落から「TEL：XXX-XXXX-XXXX…」の段落に2字分の左インデントと5字分の右インデントを設定しましょう。

①「問い合わせ先：」の段落から「TEL：XXX-XXXX-XXXX…」の段落を選択します。
※行の左端をドラッグします。
②《レイアウト》タブを選択します。
③《段落》グループの ⌞0字　⌝（左インデント）を「2字」に設定します。
④《段落》グループの ⌞0字　⌝（右インデント）を「5字」に設定します。

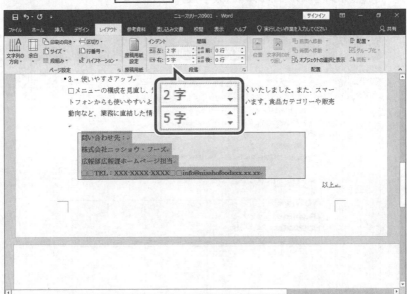

左インデントと右インデントが設定されます。

操作のポイント

その他の方法（インデント）

◆ 段落にカーソルを移動→《レイアウト》タブ→《段落》グループの 🖪 （段落の設定）→《インデントと行間隔》タブ→《インデント》の《左》または《右》を設定

◆ 段落にカーソルを移動→《ホーム》タブ→《段落》グループの 🖪 （段落の設定）→《インデントと行間隔》タブ→《インデント》の《左》または《右》を設定

段落

「段落」とは、↵（段落記号）の次の行から、次の↵までの範囲のことです。1行の文章でもひとつの段落と認識されます。

《段落》ダイアログボックス

《段落》ダイアログボックスを使うと、字数を指定したインデントを設定する際に、段落の1行目と2行目以降の行頭位置を調整できます。

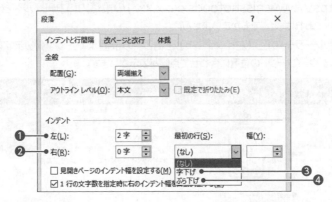

❶ **左インデント**
段落全体の行頭位置を設定します。

❷ **右インデント**
段落全体の行末位置を設定します。

❸ **1行目のインデント**
段落の先頭行の行頭位置を設定します。

❹ **ぶら下げインデント**
段落の2行目以降の行頭位置を設定します。

---

2 インデントマーカーを使ったインデントの設定

任意の位置で左インデントを設定する場合は、水平ルーラー上の「インデントマーカー」である □ （左インデント）を使います。インデントマーカーを使うと、ほかの文字との位置関係を意識しながらインデントを設定できます。

Let's Try ### インデントマーカーを使った左インデントの設定

インデントマーカーを使って、「https://www.nisshofoodsxx.xx.xx/」の段落の左インデントを約2字に設定しましょう。

ルーラーを表示します。

①《表示》タブを選択します。

②《表示》グループの《ルーラー》を☑にします。

ルーラーが表示されます。

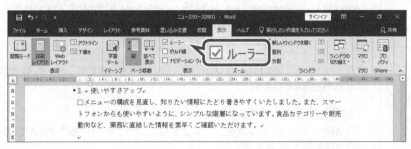

③「https://www.nisshofoodsxx.xx.xx/」の段落内にカーソルを移動します。

※段落内であれば、どこでもかまいません。

④水平ルーラーの□（左インデント）を約2字の位置までドラッグします。

※ドラッグ中、インデントの位置に合わせて点線が表示されます。

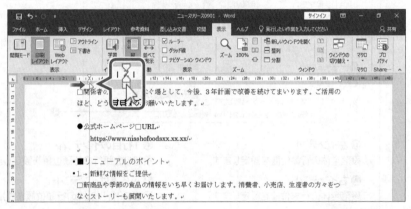

左インデントの幅が変更されます。

※《表示》タブ→《表示》グループの《ルーラー》を□にして、ルーラーを非表示にしておきましょう。

 操作のポイント

インデントの微調整

Alt を押しながらドラッグすると、インデントの位置を微調整できます。

インデントマーカーの種類

インデントマーカーには、次のような種類があります。

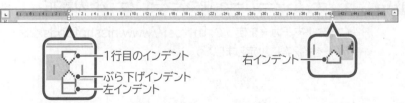

インデントマーカーを使った右インデントの設定

△（右インデント）を使うと、段落全体の行末位置を設定できます。段落を強調したい場合に右インデントを設定すると効果的です。

第1章

第2章

第3章

第4章

第5章

第6章

第7章

第8章

模擬試験

付録1

付録2

索引

資料

STEP
6

ヘッダーやフッターの作成

「ヘッダー」はページの上部、「フッター」はページの下部にある余白部分の領域で、ページ番号や日付、文書のタイトルなどの文字、会社のロゴやグラフィックなどを挿入できます。
ここでは、ヘッダーへの会社名の挿入、フッターへのページ番号の挿入方法について説明します。

1 ヘッダーやフッターの挿入

ヘッダーやフッターには、組み込みスタイルとしてあらかじめ図形や書式などを組み合わせたパーツを用意しており、見栄えのするヘッダーやフッターが簡単に作成できますが、自分で作成することもできます。

●ヘッダー

ヘッダーを挿入するには、 □ ヘッダー▾ （ヘッダーの追加）を使います。

ヘッダーに任意の内容を挿入する場合は、《ヘッダーの編集》を使います。

●フッター

フッターを挿入するには、 □ フッター▾ （フッターの追加）を使います。

フッターに任意の内容を挿入する場合は、《フッターの編集》を使います。

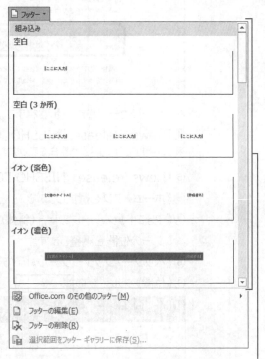

組み込みスタイル   組み込みスタイル

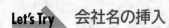 会社名の挿入

ヘッダーを挿入し、次のように設定しましょう。

ヘッダー	：News Release　NISSHO FOODS
斜体	
上からのヘッダー位置：10mm	

①《挿入》タブを選択します。

②《ヘッダーとフッター》グループの □ ヘッダー ▼ (ヘッダーの追加) をクリックします。

③《ヘッダーの編集》をクリックします。

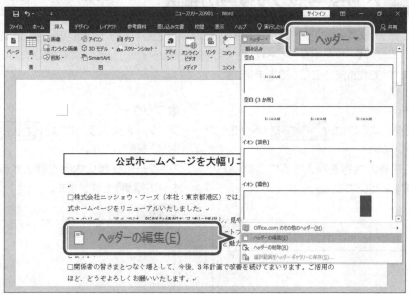

ヘッダーにカーソルが表示されます。

④「News␣Release□NISSHO␣FOODS」と入力します。
※␣は半角空白、□は全角空白を表します。

⑤「News Release　NISSHO FOODS」を選択します。

⑥《ホーム》タブを選択します。

⑦《フォント》グループの I (斜体) をクリックします。

ヘッダーの位置を調整します。

⑧《ヘッダー/フッターツール》の《デザイン》タブを選択します。

⑨《位置》グループの 15 mm ⬍ (上からのヘッダー位置) を「10mm」に設定します。

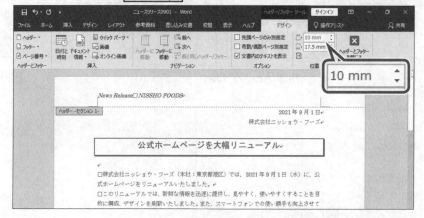

ヘッダーの位置が調整されます。
ヘッダーの編集を終了します。
⑩《閉じる》グループの ![ヘッダーとフッターを閉じる] (ヘッダーとフッターを閉じる) をクリックします。

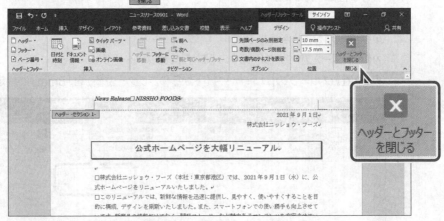

ヘッダーとフッターの編集が終了します。
※スクロールして、2ページ目にもヘッダーが正しく表示されていることを確認しておきましょう。
　確認できたら、1ページ目に表示を戻しておきましょう。

 操作のポイント

ヘッダーとフッターの位置の調整
ヘッダーとフッターの位置は、用紙の端からの距離を調整できます。

2　ページ番号の挿入

ページ番号は、ヘッダー、フッター、余白、現在のカーソル位置から表示位置を選択できます。すべてのページに連続したページ番号を挿入でき、文書内のページを追加したり削除したりしたときも自動的に振り直されます。

Let's Try ページ番号の挿入

ページの下部にページ番号を挿入し、下からのフッターの位置を「8mm」に設定しましょう。

①《挿入》タブを選択します。
②《ヘッダーとフッター》グループの ![ページ番号] (ページ番号の追加) をクリックします。
③《ページの下部》をポイントします。
④《シンプル》の《番号のみ2》をクリックします。

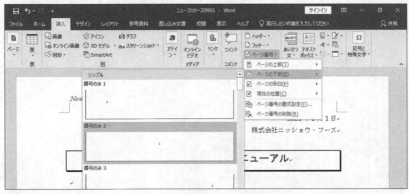

ページ番号が挿入されます。

フッターの位置を調整します。

余分な行を削除します。

⑤フッターの最終行の ↵ を選択します。

⑥ [Delete] を押します。

⑦《ヘッダー/フッターツール》の《デザイン》タブを選択します。

⑧《位置》グループの 17.5 mm ⊟ （下からのフッター位置）を「8mm」に設定します。

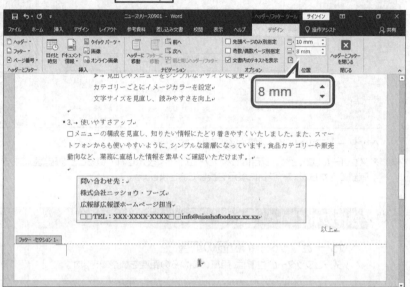

フッターの位置が調整されます。

フッターの編集を終了します。

⑨《閉じる》グループの [×] ヘッダーとフッター を閉じる （ヘッダーとフッターを閉じる）をクリックします。

ヘッダーとフッターの編集が終了します。

※スクロールして、2ページ目にもページ番号が正しく表示されていることを確認しておきましょう。

※ファイルに「ニュースリリース0901（完成）」と名前を付けて、フォルダー「第6章」に保存し、閉じておきましょう。

💡 操作のポイント

挿入したページ番号の変更

挿入したページ番号のスタイルを変更する場合は、ページ番号の上で右クリック→《フッターの編集》→《ヘッダー/フッターツール》の《デザイン》タブ→《ヘッダーとフッター》グループの [#] ページ番号 ▾ （ページ番号の追加）→《ページの下部》から変更できます。

実技科目

次の操作を行い、文書を作成しましょう。

 フォルダー「第6章」のファイル「新サポート体制」を開いておきましょう。

❶「現状の問題点」「新サポート体制のコンセプト」「新サポート体制の方針」「具体的な施策」「ニッショウ・フーズ サービスセンターの基本体制」に見出し1を設定しましょう。

❷見出し1に段落番号「1.2.3.」を設定しましょう。

❸「1. 現状の問題点」「3. 新サポート体制の方針」「4. 具体的な施策」の箇条書きに、段落番号「①②③」を設定しましょう。

❹「5. ニッショウ・フーズ サービスセンターの基本体制」の箇条書きに行頭文字「●」を設定し、最後の行に「受付時間：午前8時～午後10時（年末年始を除く）」を追加しましょう。

❺見出しの最後に「添付書類」を追加し、「サポート体制図」と記入しましょう。「添付書類」は、ほかの見出しと同じスタイルにし、「サポート体制図」には箇条書き「●」を設定すること。

❻文末に、フォルダー「第6章」にあるWordファイル「サポート体制図」を挿入しましょう。

❼サポート体制図が2ページ目になるようにしましょう。2ページ目のみ用紙を横に変更し、上下の余白を「15mm」に設定しましょう。

❽2ページ目の標題「サポート体制図」の段落に網かけを設定し、段落に次のように設定しましょう。

フォント	：MSPゴシック
フォントサイズ	：20ポイント
罫線の位置	：上下
罫線の太さ	：2.25pt
段落罫線	：実線
背景の色	：任意の色

❾段落罫線の左右に全角2字分のインデントを設定しましょう。

❿ページの下部中央に、ページ番号を挿入しましょう。書式は、「かっこ1」を設定すること。

⓫作成したファイルは「ドキュメント」内のフォルダー「日商PC 文書作成2級 Word2019／2016」内のフォルダー「第6章」に「新サポート体制の展開について」として保存しましょう。

第1章

第2章

第3章

第4章

第5章

第6章

第7章

第8章

模擬試験

付録1

付録2

索引

資料

ファイル「新サポート体制」の内容

2021 年 10 月 1 日

部長各位

サポートサービス部長

新サポート体制展開のお知らせ

　当社製品のサポート体制に関して、以下のように強化し、新しい体制で展開していくことになりました。ご協力のほど、よろしくお願いします。

現状の問題点
問い合わせに対して、広範な問い合わせに対応するため、満足がいく回答をお伝えできていない場合がある。
ヒアリングでは「内容がわかりにくい」との声が聞かれる。

新サポート体制のコンセプト
顧客視点で、「わかりやすい」「親切」「丁寧」なサポートを提供する。

新サポート体制の方針
問い合わせ先を電話のほか、メール対応も行い、サポート強化を図る。
専門分野を決めて対応することにより、問い合わせから問題解決までの時間を短縮する。
誠意ある対応を徹底し、顧客満足度の向上を図る。

具体的な施策
窓口を一本化して「ニッショウ・フーズ サービスセンター」を設置し、「購入前」と「購入後」の 2 つに分ける。
分野ごとに専門の窓口担当者を配置する。
話し方、敬語の使い方、メールでの回答の書き方などの教育を、集合、オンラインともに用意し、月 1 回以上の受講を義務づける。

ニッショウ・フーズ サービスセンターの基本体制
名　　称：ニッショウ・フーズ サービスセンター
メールアドレス：support@nisshofoodsxx.xx.xx
電話番号：0120-11-XXXX

以上

ファイル「サポート体制図」の内容

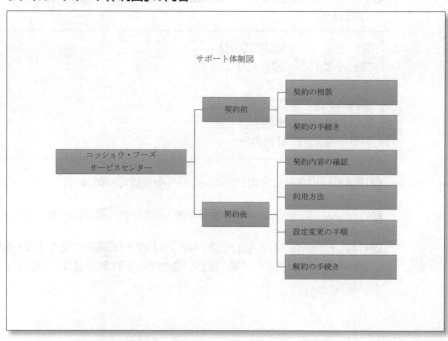

サポート体制図

Chapter 7

第7章
図形を組み合わせた図解の作成

作成する文書の確認

この章で作成する文書を確認します。

1　作成する文書の確認

次のようなWordの機能を使って、図形を組み合わせた図解を作成します。

総 21-045

2021 年 9 月 1 日

全社員各位

総務部長　芝　一郎

自転車の安全利用および駐輪場所の確保のお願い

　自転車による通勤が増加傾向にあります。自転車を利用されている方は、下記を遵守し安全で適正な利用および適切な駐輪にご協力をお願いします。

記

1.　**自転車の安全利用について**
　「自転車の安全で適正な利用の促進に関する条例」では、自転車利用者に対して以下の 5 つの義務が定められています。下記内容を確認して、自転車の安全利用に努めてください。

1　・交通ルールを守る。
　　・交通マナーを守る。

2　・点検整備を怠らない。
　　・常に安全な自転車を利用する。

3　・ヘルメットをかぶる。
　　・反射材などの器具を利用する。

4　・自転車事故を起こさない。
　　・万一に備え、自転車対象の保険に加入する。

5　・違法な駐輪をしない。
　　・通勤における駐輪場所を確保する。

2.　**通勤途中における駐輪場所確保の確認について**
　通勤途中で駐輪場を使用している社員についてはその情報を把握していないため、各職場で通勤における自転車利用者の駐輪場所確保の確認をお願いします。

2.1　対象者
　以下の①、②に該当する社員です。
①　自宅から自宅の最寄り駅まで、自転車で通勤している。

自転車
自宅　⟷　駐輪　駅　……　駅　⟷　会社

②　自宅から会社の最寄り駅まで、自転車で通勤している。

2.2　確認の方法
　対象となる社員は、添付の「自転車通勤駐輪場所確保確認書」に記入のうえ、所属長経由で総務部安全管理課に提出してください。

以上

SmartArtグラフィックの作成
SmartArtグラフィックの図形の追加
SmartArtグラフィックのレイアウトの変更
SmartArtグラフィックのスタイルの変更
SmartArtグラフィックのサイズ変更

図形の作成
図形のスタイルの適用
図形のコピー
図形の余白の調整
図形の配置の変更
図形の表示順序の変更
図形のグループ化

第1章

第2章

第3章

第4章

第5章

第6章

第7章

第8章

模擬試験

付録1

付録2

索引

資料

STEP

2

図形の作成

図形には、「線」や「四角形」、「基本図形」などさまざまな種類がありますが、目的に合わせて複数の図形を組み合わせることで、物事を効果的に伝えることができます。
ここでは、縦横の長さが同じ角丸四角形の作成、水平な双方向矢印や直線を作成する方法について説明します。

1　角丸四角形の作成

角丸四角形を作成する場合は、☐（四角形：角を丸くする）または☐（角丸四角形）を使います。
[Shift]を押しながらドラッグすると、縦と横の長さが同じ角丸四角形を作成できます。

 Let's Try 縦横の長さが同じ角丸四角形の作成

縦と横の長さが同じ角丸四角形を作成し、図形内に「自宅」と入力しましょう。

📂OPEN フォルダー「第7章」のファイル「自転車の利用について」を開いておきましょう。

①「①自宅から自宅の最寄り駅まで…」の下の行を表示します。
②《挿入》タブを選択します。
③《図》グループの 🔷図形▾（図形の作成）をクリックします。
④ **2019**
　《四角形》の☐（四角形：角を丸くする）をクリックします。

　2016
　《四角形》の☐（角丸四角形）をクリックします。
　※お使いの環境によっては、「角丸四角形」が「四角形：角を丸くする」と表示されることがあります。

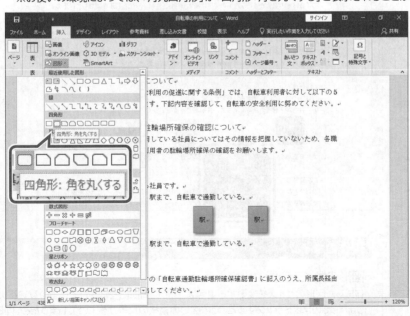

マウスポインターの形が **+** に変わります。

⑤ [Shift] を押しながら、角丸四角形の始点から終点へドラッグします。

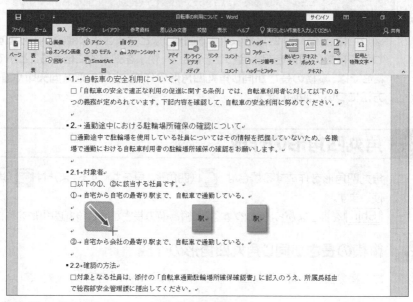

縦と横の長さが同じ角丸四角形が作成されます。

⑥ 角丸四角形が選択されていることを確認します。

⑦ 「自宅」と入力します。

※図形にすべての文字が表示されていない場合は、[Shift] を押しながら図形の○（ハンドル）をドラッグして、サイズを調整しておきましょう。

※図形以外の場所をクリックし、入力を確定しておきましょう。

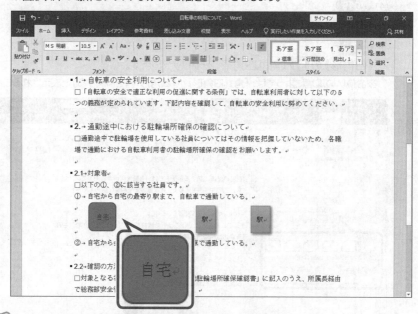

操作のポイント

図形のサイズ変更

作成した図形のサイズを変更する場合は、図形の周囲に表示されている○（ハンドル）をドラッグします。そのままドラッグすると、元の図形の縦横の比率が変わってしまうため、同じ縦横の比率を保ったままサイズを変更する場合は、[Shift] を押しながらドラッグします。

2 双方向矢印の作成

両端が矢印になっている双方向矢印を作成する場合は、📐（線矢印：双方向）または📐（双方向矢印）を使います。

[Shift]を押しながらドラッグすると、垂直または水平な矢印を引くことができます。

Let's Try 水平な双方向矢印の作成

水平な双方向矢印を角丸四角形の右側に作成しましょう。

①《挿入》タブを選択します。

②《図》グループの 📷 図形 ▼ （図形の作成）をクリックします。

③ **2019**

　《線》の📐（線矢印：双方向）をクリックします。

　2016

　《線》の📐（双方向矢印）をクリックします。

　※お使いの環境によっては、「双方向矢印」が「線矢印：双方向」と表示されることがあります。

マウスポインターの形が＋に変わります。

④[Shift]を押しながら、双方向矢印の始点から終点へドラッグします。

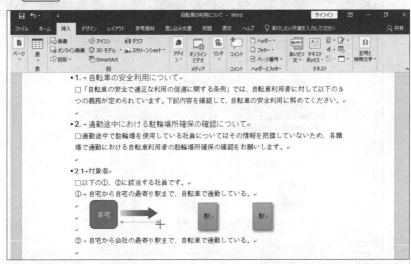

水平な双方向矢印が作成されます。

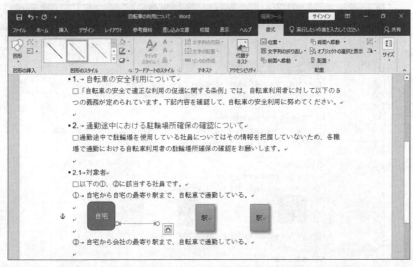

第1章 第2章 第3章 第4章 第5章 第6章 第7章 第8章 模擬試験 付録1 付録2 索引 資料

168

3 直線の作成

直線を作成する場合は、（線）または（直線）を使います。
[Shift]を押しながらドラッグすると、垂直または水平な線を引くことができます。

Let's Try 水平な直線の作成

水平な直線を「駅」の図形と「駅」の図形をつなぐように作成しましょう。

①《挿入》タブを選択します。
②《図》グループの 図形▼ （図形の作成）をクリックします。
③ **2019**
　《線》の（線）をクリックします。

　2016
　《線》の（直線）をクリックします。
　※お使いの環境によっては、「直線」が「線」と表示されることがあります。

マウスポインターの形が＋に変わります。
④[Shift]を押しながら、直線の始点から終点へドラッグします。

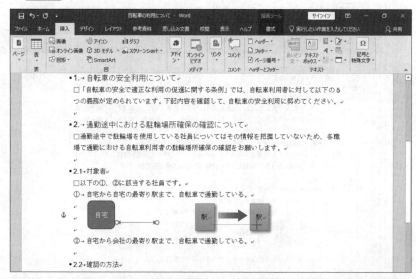

水平な直線が作成されます。

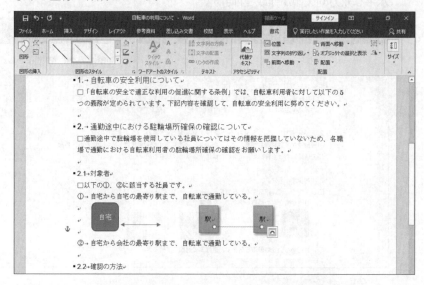

図形の編集

作成した図形にスタイルを適用したり、位置を整えたりするだけで、単に作成しただけの図形からイメージを大きく変えることができます。
ここでは、図形のスタイルの適用、図形のコピー、図形内の余白の調整、図形の配置の変更、図形の表示順序の変更、図形をグループ化する方法について説明します。

1 図形のスタイルの適用

図形のスタイルには、図形の枠線や効果などをまとめて設定した書式の組み合わせが用意されていますが、個別に塗りつぶしや枠線などのスタイルを適用したり、枠線の太さや種類を変更したりすることもできます。

Let's Try 角丸四角形と長方形の書式設定

「自宅」の図形と2つの「駅」の図形に、次の書式を設定しましょう。

```
図形のスタイル ：パステル-青、アクセント1
図形の効果    ：影 オフセット：右下
```

①「自宅」の図形を選択します。
② Shift を押しながら、2つの「駅」の図形をクリックします。
③《書式》タブを選択します。
④《図形のスタイル》グループの ▼ (その他) をクリックします。

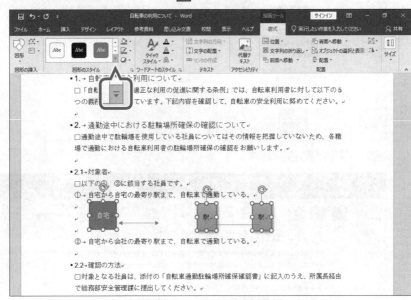

⑤《パステル-青、アクセント1》をクリックします。

※一覧をポイントすると、設定後のイメージを画面で確認できます。

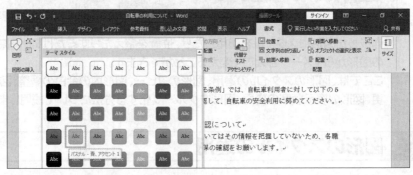

図形のスタイルが適用されます。

⑥《図形のスタイル》グループの （図形の効果）をクリックします。

⑦《影》をポイントします。

⑧ 2019

《外側》の《オフセット：右下》をクリックします。

2016

《外側》の《オフセット（斜め右下）》をクリックします。

※お使いの環境によっては、「オフセット（斜め右下）」が「オフセット：右下」と表示されることがあります。

※一覧をポイントすると、設定後のイメージを画面で確認できます。

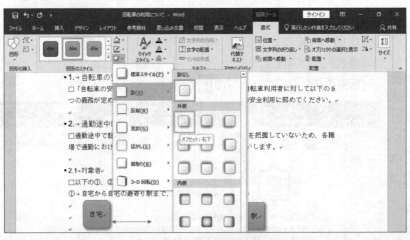

図形の効果が設定されます。

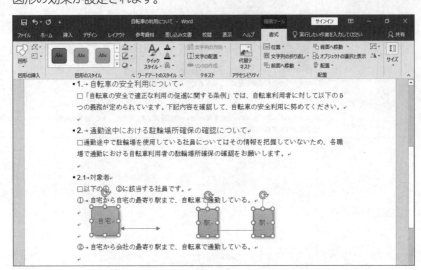

Let's Try ▶ 双方向矢印の書式設定

双方向矢印に次の書式を設定しましょう。

> 枠線の色 　：白、背景1、黒+基本色35%
> 枠線の太さ ：3pt
> 矢印の種類 ：矢印スタイル4

①双方向矢印を選択します。

②《書式》タブを選択します。

③ 2019

《図形のスタイル》グループの ［図形の枠線］ (図形の枠線) の ▼ をクリックします。

2016

《図形のスタイル》グループの 図形の枠線 ▼ をクリックします。

④《テーマの色》の《白、背景1、黒+基本色35%》をクリックします。

※一覧をポイントすると、設定後のイメージを画面で確認できます。

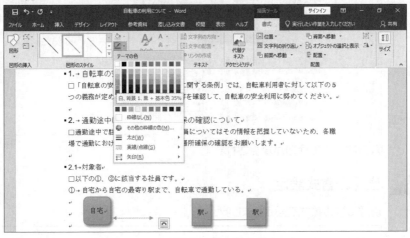

双方向矢印の色が変更されます。

⑤ 2019

《図形のスタイル》グループの ［図形の枠線］ (図形の枠線) の ▼ をクリックします。

2016

《図形のスタイル》グループの 図形の枠線 ▼ をクリックします。

⑥《太さ》をポイントします。

⑦《3pt》をクリックします。

※一覧をポイントすると、設定後のイメージを画面で確認できます。

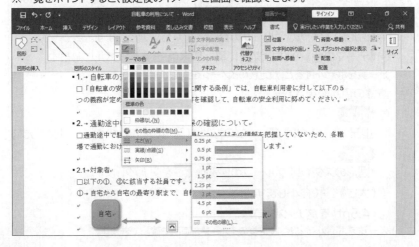

双方向矢印の太さが変更されます。

⑧ **2019**

《図形のスタイル》グループの ◢- (図形の枠線)の - をクリックします。

2016

《図形のスタイル》グループの 図形の枠線- をクリックします。

⑨《矢印》をポイントします。

⑩《矢印スタイル4》をクリックします。

※一覧をポイントすると、設定後のイメージを画面で確認できます。

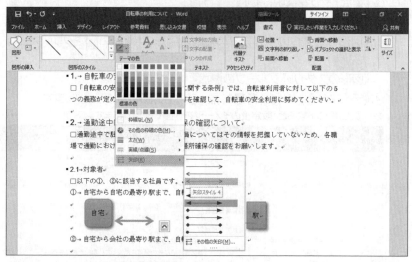

双方向矢印の種類が変更されます。

Let's Try　**直線の書式設定**

直線に次の書式を設定しましょう。

枠線の色	：白、背景1、黒+基本色35%
枠線の太さ	：4.5pt
直線の種類	：点線(丸)

①直線を選択します。

②《書式》タブを選択します。

③ **2019**

《図形のスタイル》グループの ◢- (図形の枠線)の - をクリックします。

2016

《図形のスタイル》グループの 図形の枠線- をクリックします。

④《テーマの色》の《白、背景1、黒+基本色35%》をクリックします。

※一覧をポイントすると、設定後のイメージを画面で確認できます。

直線の色が変更されます。

⑤ **2019**

《図形のスタイル》グループの ◢- (図形の枠線)の - をクリックします。

2016

《図形のスタイル》グループの 図形の枠線- をクリックします。

⑥《太さ》をポイントします。

⑦《4.5pt》をクリックします。

※一覧をポイントすると、設定後のイメージを画面で確認できます。

直線の太さが変更されます。

⑧ 2019

《図形のスタイル》グループの 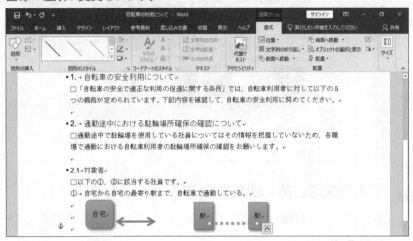（図形の枠線）の をクリックします。

2016

《図形のスタイル》グループの 図形の枠線 をクリックします。

⑨《実線/点線》をポイントします。

⑩《点線（丸）》をクリックします。

※一覧をポイントすると、設定後のイメージを画面で確認できます。

直線の種類が変更されます。

第1章
第2章
第3章
第4章
第5章
第6章
第7章
第8章
模擬試験
付録1
付録2
索引
資料

2 図形のコピー

同じ形の図形をほかの場所で使う場合は、図形をコピーすると効率的です。
図形をコピーするには、図形を選択し、[Ctrl]を押しながら図形をドラッグします。

Let's Try 角丸四角形のコピー

「自宅」の図形を双方向矢印の右側にコピーし、コピーした図形内の文字を「駐輪」に編集しましょう。

①「自宅」の図形を選択します。

②[Ctrl]と[Shift]を同時に押しながら、右方向にドラッグします。

※[Shift]を押しながらドラッグすると、垂直方向または水平方向に配置できます。

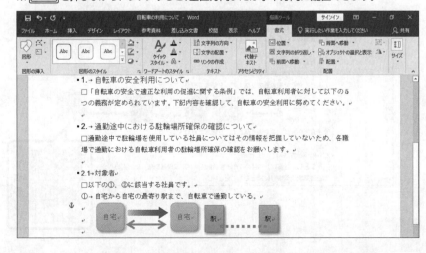

図形が水平方向にコピーされます。

③コピーした角丸四角形の文字上をクリックし、「駐輪」と編集します。

Let's Try 双方向矢印と角丸四角形のコピー

双方向矢印と「駐輪」の図形を右側にコピーし、コピーした図形内の文字を「会社」に編集しましょう。

①双方向矢印を選択します。

②**Shift** を押しながら、「**駐輪**」の図形をクリックします。

③**Ctrl** と **Shift** を同時に押しながら、右方向にドラッグします。

※ **Shift** を押しながらドラッグすると、垂直方向または水平方向に配置できます。

図形が水平方向にコピーされます。

④コピーした角丸四角形の文字上をクリックし、「**会社**」と編集します。

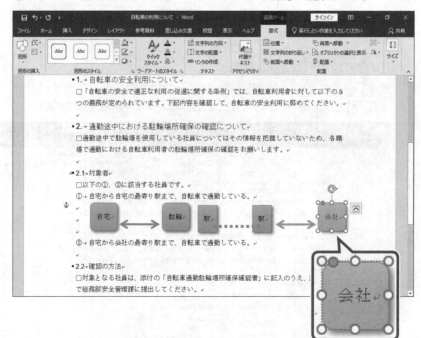

第1章
第2章
第3章
第4章
第5章
第6章
第7章
第8章
模擬試験
付録1
付録2
索引
資料

3 図形内の余白の調整

図形内に入力した文字と図形の枠線とのあいだにある余白は調整できます。

Let's Try 余白の変更

「駐輪」の図形を円に変更し、上下左右の余白を「0mm」に設定しましょう。

①「駐輪」の図形を選択します。
②《書式》タブを選択します。
③《図形の挿入》グループの ［図形の編集］ (図形の編集) をクリックします。
④《図形の変更》をポイントします。
⑤《基本図形》の ○ (楕円) をクリックします。

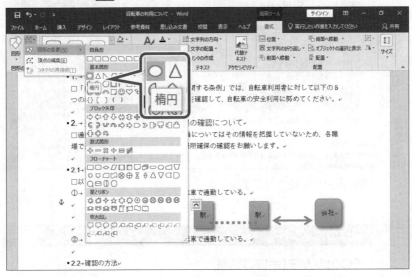

図形が変更されます。
図形の余白を変更します。

⑥「駐輪」の図形を右クリックします。
⑦《図形の書式設定》をクリックします。

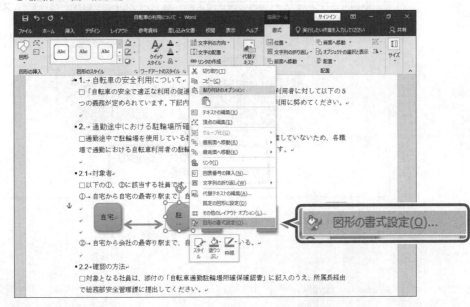

176

《図形の書式設定》作業ウィンドウが表示されます。

⑧ 📇 （レイアウトとプロパティ）をクリックします。

⑨《テキストボックス》の詳細が表示されていることを確認します。

※詳細が表示されていない場合は、《テキストボックス》をクリックします。

⑩《左余白》《右余白》《上余白》《下余白》を「0mm」に設定します。

⑪《図形の書式設定》作業ウィンドウの × （閉じる）をクリックします。

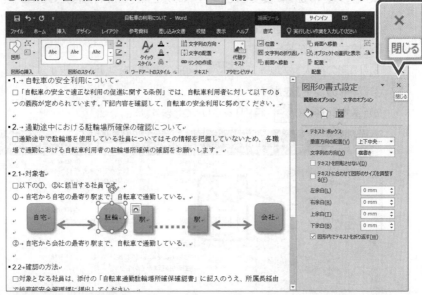

図形の余白が変更されます。

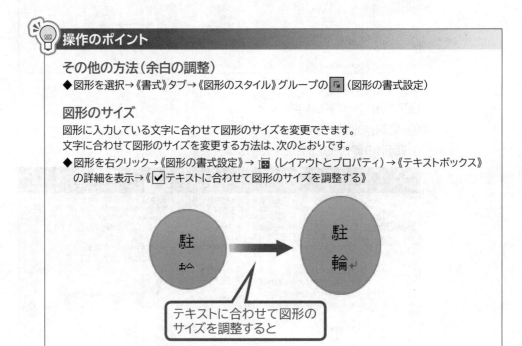

操作のポイント

その他の方法（余白の調整）
◆図形を選択→《書式》タブ→《図形のスタイル》グループの 🔲 （図形の書式設定）

図形のサイズ
図形に入力している文字に合わせて図形のサイズを変更できます。
文字に合わせて図形のサイズを変更する方法は、次のとおりです。

◆図形を右クリック→《図形の書式設定》→ 📇 （レイアウトとプロパティ）→《テキストボックス》の詳細を表示→《☑テキストに合わせて図形のサイズを調整する》

テキストに合わせて図形の
サイズを調整すると

4 図形の配置の変更

複数の図形を整列させる場合に、手動で行うと微調整に時間がかかってしまうだけでなく、ずれてしまうことがあります。 配置▼ （オブジェクトの配置）を使うと、複数の図形の位置関係を一度に調整でき、簡単に上側でそろえたり、中心でそろえたりできます。

Let's Try 上下中央揃え

すべての図形を上下の中心位置でそろえましょう。

①「自宅」の図形を選択します。
② Shift を押しながら、「駐輪」の図形、2つの「駅」の図形、「会社」の図形、2つの双方向矢印、点線をクリックします。
③《書式》タブを選択します。
④《配置》グループの 配置▼ （オブジェクトの配置）をクリックします。
⑤《上下中央揃え》をクリックします。

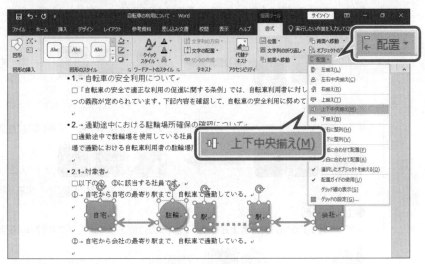

すべての図形が上下の中心位置でそろえられます。
※作成した場所によっては、変化が見られない場合もあります。

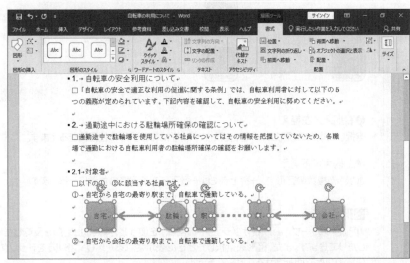

※図形以外の場所をクリックし、選択を解除しておきましょう。

オブジェクトの配置
オブジェクトの配置には、次のようなものがあります。

●左右中央揃え
選択した複数の図形のうち、一番左と一番右にある図形のあいだの中心位置を基準に配置します。

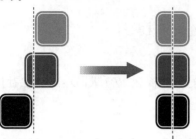

└─ 中心位置がそろう

●上下中央揃え
選択した複数の図形のうち、一番上と一番下にある図形のあいだの中心位置を基準に配置します。

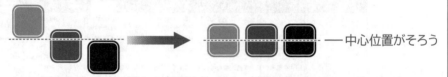

── 中心位置がそろう

●左右に整列
選択した複数の図形を、一番左と一番右の図形の位置を基準に左右で等間隔に配置します。

└─ 等間隔にする

●上下に整列
選択した複数の図形を、一番上と一番下の図形の位置を基準に上下で等間隔に配置します。

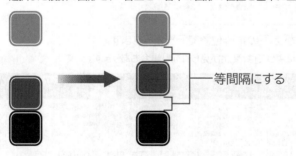

── 等間隔にする

●右揃え／左揃え
選択した複数の図形を、一番右または一番左にある図形の位置にそろえます。

●上揃え／下揃え
選択した複数の図形を、一番上または一番下にある図形の位置にそろえます。

図形の回転
《配置》グループの ▣▾ （オブジェクトの回転）を使うと、挿入した図形を反転したり、90度回転したりできます。また、図形を選択したときに表示される ◉ （ハンドル）をドラッグすることで、任意の角度で回転させることもできます。

5　図形の表示順序の変更

図形を重ねて作成すると、あとから作成した図形が上に表示されますが、重なっている図形の表示順序は変更できます。

Let's Try　点線の表示順序の変更

点線が「駅」の図形より後ろに表示されるように、表示順序を変更しましょう。

① 点線を選択します。

② 《書式》タブを選択します。

③ 《配置》グループの　背面へ移動　(背面へ移動)　の　をクリックします。

④ 《最背面へ移動》をクリックします。

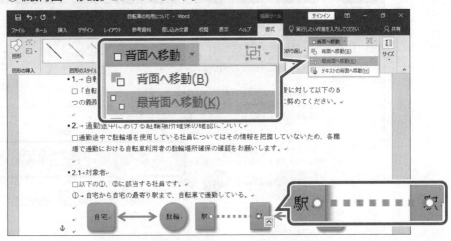

点線が「駅」の図形の後ろに表示されます。

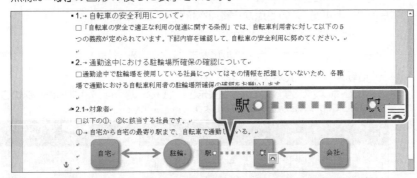

 操作のポイント

背面へ移動

「背面へ移動」には、次のようなものがあります。

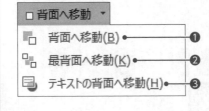

❶背面へ移動
選択されている図形が直前に作成した図形の後ろに表示されます。

❷最背面へ移動
選択されている図形がすべての図形の後ろに表示されます。

❸テキストの背面へ移動
選択されている図形が本文に入力されている文字の後ろに表示されます。

180

Let's Try 双方向矢印の表示順序の変更

「自宅」の図形と「駐輪」の図形のあいだにある双方向矢印の上にテキストボックスを作成し、「自転車」と入力しましょう。テキストボックスの枠線は「枠線なし」または「線なし」に設定します。

次に、テキストボックスより前に双方向矢印の図形が表示されるように、表示順序を変更しましょう。

①《挿入》タブを選択します。

②《テキスト》グループの （テキストボックスの選択）をクリックします。

③《横書きテキストボックスの描画》をクリックします。

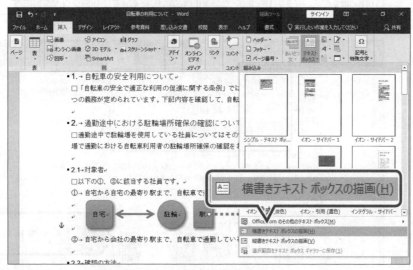

マウスポインターの形が **＋** に変わります。

④テキストボックスの始点から終点へドラッグします。

テキストボックスが作成されます。

⑤テキストボックス内にカーソルがあることを確認します。

⑥「自転車」と入力します。

※テキストボックスにすべての文字が表示されていない場合は、テキストボックスの○（ハンドル）をドラッグして、サイズを調整しておきましょう。

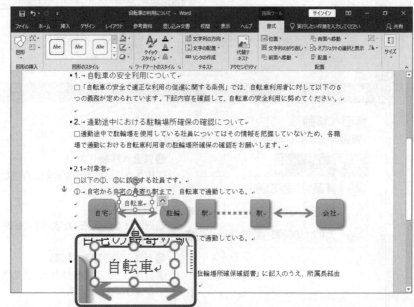

テキストボックスの枠線をなしに設定します。

⑦《書式》タブを選択します。

⑧ **2019**

《図形のスタイル》グループの 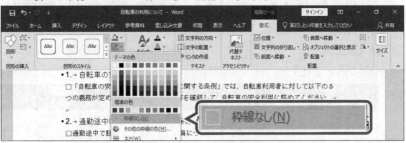（図形の枠線）の をクリックします。

2016

《図形のスタイル》グループの 図形の枠線 をクリックします。

⑨ **2019**

《枠線なし》をクリックします。

2016

《線なし》をクリックします。

※お使いの環境によっては、「線なし」が「枠線なし」と表示されることがあります。

表示順序を変更します。

⑩《配置》グループの 背面へ移動 （背面へ移動）の をクリックします。

⑪《最背面へ移動》をクリックします。

テキストボックスが双方向矢印の後ろに表示されます。

※テキストボックスのサイズと位置を調整しておきましょう。

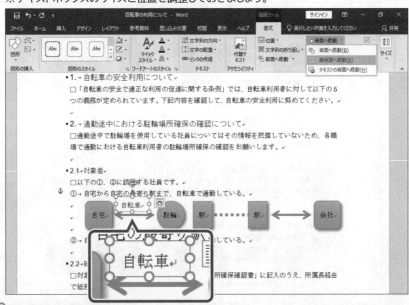

操作のポイント

前面へ移動

《配置》グループには、 前面へ移動 （前面へ移動）もあります。選択している図形をほかの図形や文字の前に表示する場合に使います。

テキストボックスの文字列の向き

テキストボックスの文字列は、作成したあとで縦書きや左右に90度回転できます。

◆テキストボックスを選択→《書式》タブ→《テキスト》グループの 文字列の方向 （文字列の方向）

6 図形のグループ化

「グループ化」とは、複数の図形をひとつの図形として扱えるようにまとめることです。複数の図形に対して、位置関係（重なり具合や間隔）などを保持したまま移動したり、サイズを変更したりする場合は、グループ化すると効率的です。

Let's Try 図形のグループ化

2つの「駅」の図形と点線をグループ化しましょう。
また、「自転車」のテキストボックスとその下の双方向矢印をグループ化しましょう。

① 「駅」の図形を選択します。

② Shift を押しながら、点線ともう一方の「駅」の図形をクリックします。

③ 《書式》タブを選択します。

④ 《配置》グループの 🔳▾ （オブジェクトのグループ化）をクリックします。

⑤ 《グループ化》をクリックします。

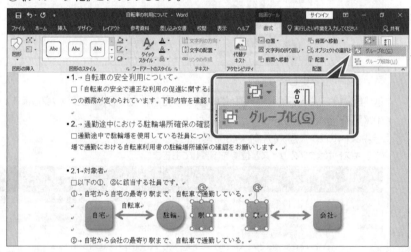

3つの図形がグループ化されます。

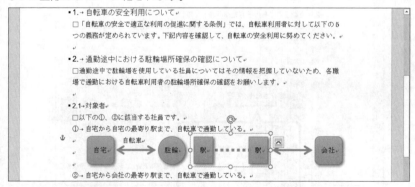

⑥ 同様に、「自転車」のテキストボックスとその下の双方向矢印をグループ化しておきましょう。

💡 **操作のポイント**

グループ化の解除

図形のグループ化を解除する方法は、次のとおりです。

◆ グループ化している図形を選択→《書式》タブ→《配置》グループの 🔳▾ （オブジェクトのグループ化）→《グループ解除》

Let's Try 図形の整列

すべての図形を左右で等間隔に整列しましょう。

①「自宅」の図形を選択します。

②[Shift]を押しながら、グループ化した「自転車」のテキストボックスと双方向矢印、「駐輪」の図形、グループ化した「駅」の図形と点線、双方向矢印、「会社」の図形をクリックします。

③《書式》タブを選択します。

④《配置》グループの [配置 ▼] (オブジェクトの配置) をクリックします。

⑤《左右に整列》をクリックします。

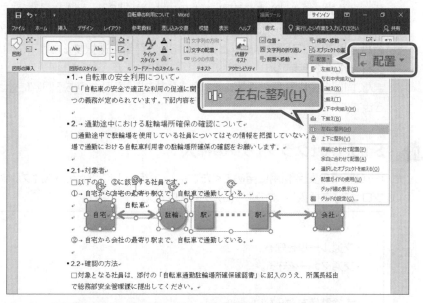

すべての図形が左右で等間隔になるように整列されます。

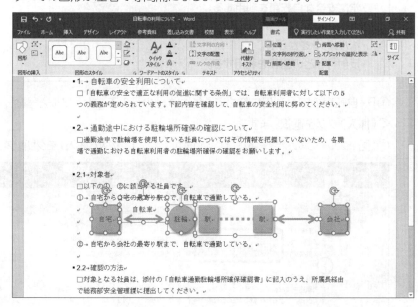

STEP 4 SmartArtグラフィックの作成

SmartArtグラフィックには、豊富な種類の図解パターンが用意されています。表現したい図解パターンを選んで文字を入力するだけで、基本的な図解を作成できます。
ここでは、SmartArtグラフィックの挿入について説明します。

1 SmartArtグラフィックの挿入

「SmartArtグラフィック」とは、複数の図形や矢印などを組み合わせて、情報の相互関係を視覚的にわかりやすく表現したものです。単に「SmartArt」と呼ぶこともあります。
SmartArtグラフィックには、「リスト」や「手順」、「循環」、「階層構造」などの分類があり、組織図やプロセス図の作成など目的に応じて種類を選択するだけで、デザイン性の高い図解を作成できます。
また、図解の中に写真や画像を入れることもでき、表現力のある図解に仕上げることができます。

Let's Try SmartArtグラフィックの挿入

「…自転車の安全利用に努めてください。」の行の下に、SmartArtグラフィック「縦方向プロセス」を挿入し、次のように入力しましょう。

・1
　・交通ルールを守る。
　・交通マナーを守る。
・2
　・点検整備を怠らない。
　・常に安全な自転車を利用する。
・3
　・ヘルメットをかぶる。
　・反射材などの器具を利用する。

---

①「…自転車の安全利用に努めてください。」の行の下にカーソルを移動します。

②《挿入》タブを選択します。

③《図》グループの SmartArt （SmartArtグラフィックの挿入）をクリックします。

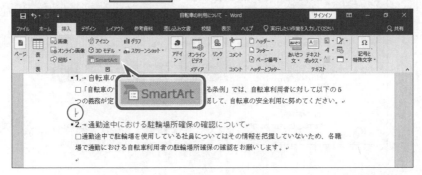

④左側の一覧から《リスト》を選択します。

⑤中央の一覧から《縦方向プロセス》を選択します。

※一覧に表示されていない場合は、スクロールして調整します。

⑥《OK》をクリックします。

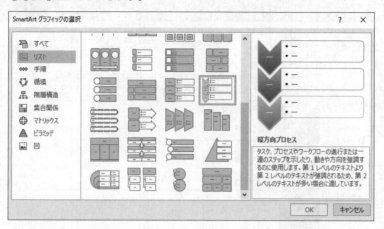

SmartArtグラフィックが挿入され、テキストウィンドウが表示されます。

※画面の表示の状態により、テキストウィンドウが表示される位置が異なる場合があります。

※テキストウィンドウが表示されない場合は、《SmartArtツール》の《デザイン》タブ→《グラフィックの作成》グループの ［テキスト ウィンドウ］ （テキストウィンドウ）をクリックします。

⑦SmartArtグラフィックの周囲に枠線が表示され、SmartArtグラフィックが選択されていることを確認します。

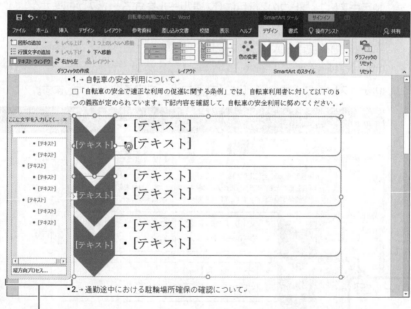

テキストウィンドウ

第1章
第2章
第3章
第4章
第5章
第6章
第7章
第8章
模擬試験
付録1
付録2
索引
資料

1つ目のリストのタイトルを入力します。

⑧テキストウィンドウの1行目に「1」と入力します。

タイトルの図形に文字が表示されます。

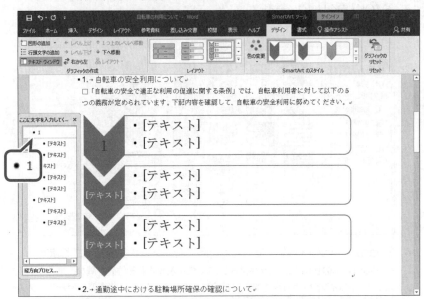

1つ目の箇条書きを入力します。

⑨↓を押します。

⑩テキストウィンドウの2行目に「**交通ルールを守る。**」と入力します。

次のレベルの図形に文字が表示されます。

2つ目の箇条書きを入力します。

⑪↓を押します。

⑫テキストウィンドウの3行目に「**交通マナーを守る。**」と入力します。

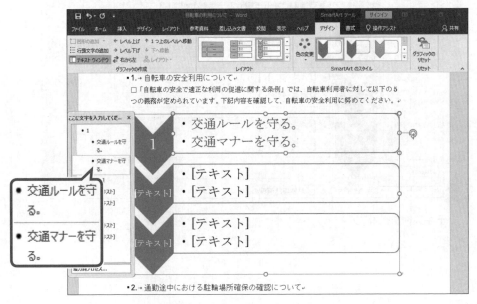

⑬ □↓ を押します。

⑭ 同様に、残りのリストのタイトルと箇条書きを入力します。

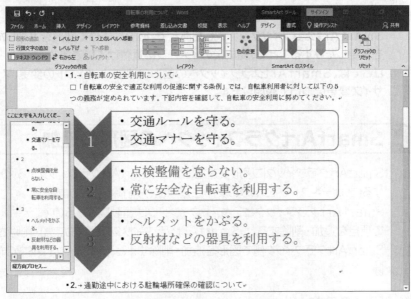

※SmartArtグラフィック以外の場所をクリックし、選択を解除しておきましょう。

操作のポイント

その他の方法（SmartArtグラフィックへの文字の入力）
◆SmartArtグラフィックの図形を選択→文字を入力

テキストウィンドウ
SmartArtグラフィックを挿入すると、初期の設定でテキストウィンドウが表示されます。このテキストウィンドウを使うと効率よく文字を入力できます。
※SmartArtグラフィックが選択されていない場合は表示されません。

テキストウィンドウの表示・非表示
テキストウィンドウの表示・非表示を切り替える方法は、次のとおりです。
◆SmartArtグラフィックを選択→《SmartArtツール》の《デザイン》タブ→《グラフィックの作成》グループの （テキストウィンドウ）

第1章
第2章
第3章
第4章
第5章
第6章
第7章
第8章
模擬試験
付録1
付録2
索引
資料

STEP 5 SmartArtグラフィックの編集

SmartArtグラフィックを作成したあとで、必要に応じて図形を追加したり、レイアウトを変更したりすることで、完成後のイメージに近付けていきます。
ここでは、SmartArtグラフィックへの図形の追加、レイアウトの変更、スタイルの変更、サイズ変更について説明します。

1 SmartArtグラフィックへの図形の追加

SmartArtグラフィックに図形を追加したり、SmartArtグラフィックから図形を削除したりするには、テキストウィンドウの文字を追加したり削除したりします。
SmartArtグラフィックとテキストウィンドウは連動しているので、テキストウィンドウ側で項目を追加・削除すると、SmartArtグラフィックの図形も追加・削除されます。逆に、SmartArtグラフィック側で図形を追加・削除すると、テキストウィンドウの項目も追加・削除されます。

Let's Try 図形の追加

3つ目のリストの後ろに図形を2つ追加して、次のように入力しましょう。

```
・4
　・自転車事故を起こさない。
　・万一に備え、自転車対象の保険に加入する。
・5
　・違法な駐輪をしない。
　・通勤における駐輪場所を確保する。
```

①SmartArtグラフィック内をクリックします。
テキストウィンドウが表示されます。
「反射材などの器具を利用する。」の下に項目を追加します。
②テキストウィンドウの「反射材などの器具を利用する。」の後ろにカーソルを移動します。
※表示されていない場合は、スクロールして調整します。
図形を追加します。
③ **Enter** を押します。

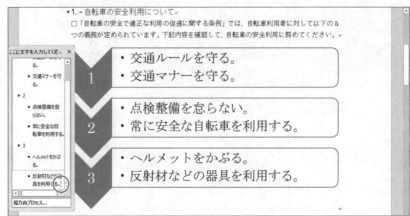

テキストウィンドウに箇条書きを入力する行が追加されます。

④ [Back Space] を押します。

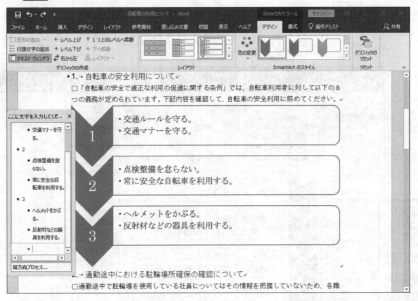

テキストウィンドウにリストのタイトルを入力する行が追加され、SmartArtグラフィックにも図形が追加されます。

新しく追加された行に文字を入力します。

⑤「4」と入力します。

追加された図形に文字が表示されます。

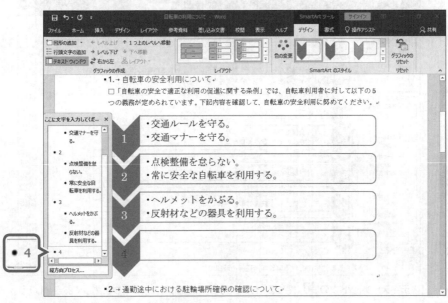

箇条書きを入力する行を追加します。

⑥ [Enter] を押します。

⑦ [Tab] を押します。

箇条書きを入力する行が追加されます。

第1章
第2章
第3章
第4章
第5章
第6章
第7章
第8章
模擬試験
付録1
付録2
索引
資料

箇条書きを入力します。

⑧「自転車事故を起こさない。」と入力します。

⑨ [Enter] を押します。

⑩「万一に備え、自転車対象の保険に加入する。」と入力します。

⑪ [Enter] を押します。

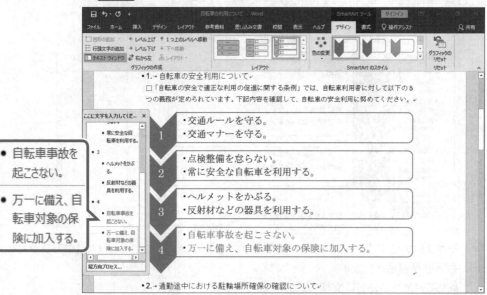

⑫同様に、残りのリストのタイトルと箇条書きを入力します。

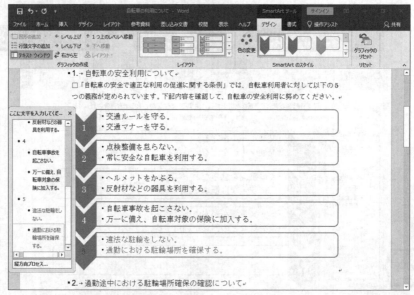

※テキストウィンドウの [×] (閉じる) をクリックして、テキストウィンドウを閉じておきましょう。

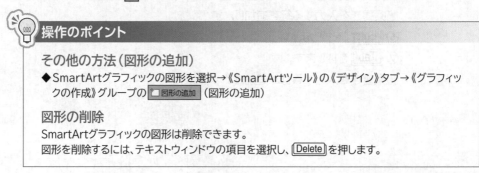

操作のポイント

その他の方法（図形の追加）

◆SmartArtグラフィックの図形を選択→《SmartArtツール》の《デザイン》タブ→《グラフィックの作成》グループの [図形の追加] (図形の追加)

図形の削除

SmartArtグラフィックの図形は削除できます。

図形を削除するには、テキストウィンドウの項目を選択し、[Delete] を押します。

2 SmartArtグラフィックのレイアウトの変更

SmartArtグラフィックのレイアウトは、あとから変更できます。

Let's Try レイアウトの変更

SmartArtグラフィックのレイアウトを「縦方向ボックスリスト」に変更しましょう。

①SmartArtグラフィックを選択します。
②《SmartArtツール》の《デザイン》タブを選択します。
③《レイアウト》グループの ▼ (その他)をクリックします。

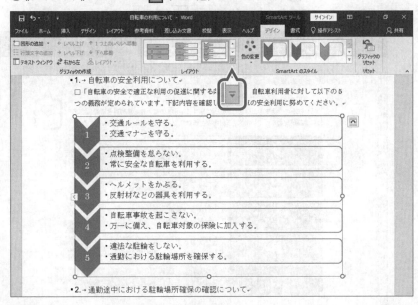

④《縦方向ボックスリスト》をクリックします。
※一覧をポイントすると、設定後のイメージを画面で確認できます。

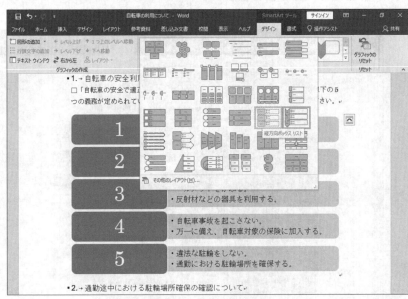

SmartArtグラフィックのレイアウトが変更されます。

3 SmartArtグラフィックのスタイルの変更

SmartArtグラフィックのスタイルを一覧から選択して変更できます。色や図形の種類などさまざまなスタイルが用意されているので、文書に合ったデザインを設定できます。

Let's Try スタイルの変更

SmartArtグラフィックのスタイルを「**パステル**」に変更しましょう。

① SmartArtグラフィックが選択されていることを確認します。
②《**SmartArtツール**》の《**デザイン**》タブを選択します。
③《**SmartArtのスタイル**》グループの ▼ (その他) をクリックします。

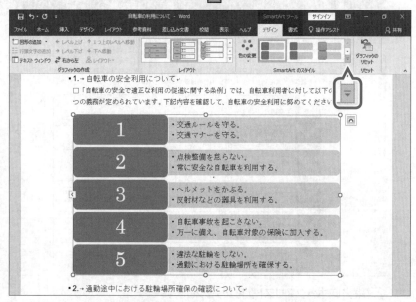

④《**パステル**》をクリックします。
※一覧をポイントすると、設定後のイメージを画面で確認できます。

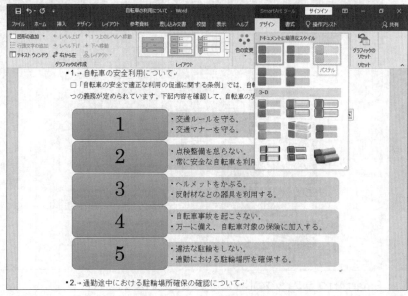

SmartArtグラフィックのスタイルが変更されます。

4　SmartArtグラフィックのサイズ変更

SmartArtグラフィックを挿入したあと、文書に合わせて全体のサイズを変更したり、SmartArtグラフィック内の図形のサイズを変更したりできます。

Let's Try SmartArtグラフィックのサイズ変更

文書が1ページに収まるように、SmartArtグラフィックのサイズを小さくしましょう。

①SmartArtグラフィックの右下の○（ハンドル）をポイントします。
マウスポインターの形が↖に変わります。

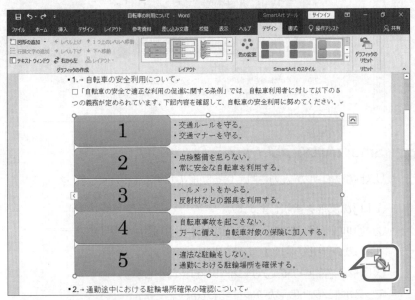

②図のようにドラッグします。

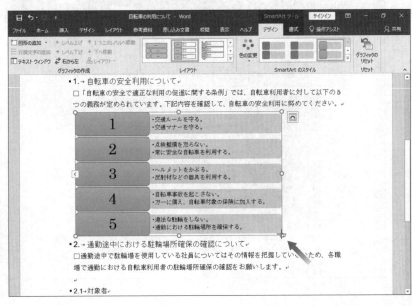

SmartArtグラフィックのサイズが変更されます。

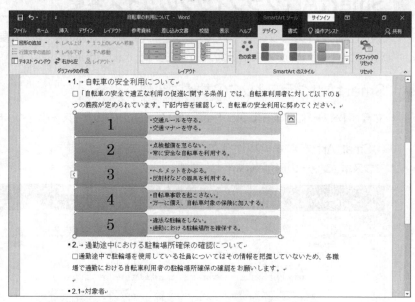

Let's Try ## SmartArtグラフィック内の図形のサイズ変更

リストのタイトルが入力されている図形のサイズを小さくしましょう。

①「1」の図形を選択します。

②[Shift]を押しながら、「2」「3」「4」「5」の図形をクリックします。

リストのタイトルの図形がすべて選択されます。

③図形の右側中央の〇(ハンドル)をポイントします。

マウスポインターの形が⟷に変わります。

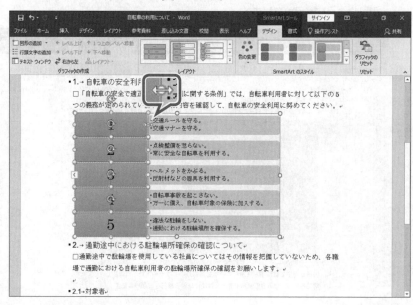

④図のようにドラッグします。

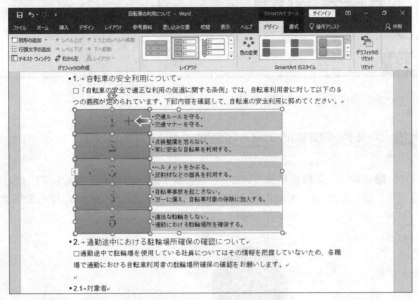

SmartArtグラフィック内の図形のサイズが変更されます。

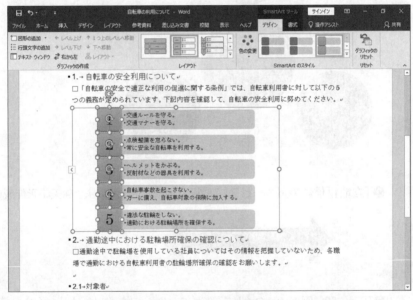

※SmartArtグラフィック以外の場所をクリックし、選択を解除しておきましょう。

※ファイルに「自転車の利用について（完成）」と名前を付けて、フォルダー「第7章」に保存し、閉じておきましょう。

 操作のポイント

図形の拡大・縮小
SmartArtグラフィック内の図形を同じ形のまま、サイズを拡大したり縮小したりできます。
◆図形を選択→《書式》タブ→《図形》グループの　拡大 （拡大）／ 縮小 （縮小）

STEP 6

確認問題

第 **7** 章　図形を組み合わせた図解の作成

実技科目

次の操作を行い、文書を作成しましょう。

OPEN **フォルダー「第7章」のファイル「企画案」を開いておきましょう。**

❶ 次のような新規事業コンセプトの図解を適当な位置に作成しましょう。図解は図形を
使って作成し、周囲の円のサイズは高さ・幅ともに約26mm、中心の円は約32mmとす
ること。

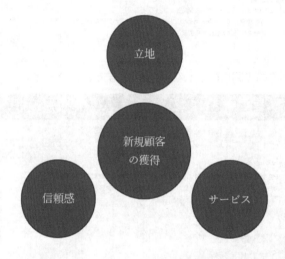

❷ 「立地」「信頼感」「サービス」の図形のあいだに、次のような矢印を作成しましょう。

❸ 円と矢印に図形のスタイルを設定しましょう。スタイルは、(a)〜(d)の指示に従って設
定すること。

(a) 文字の大きさは12ポイントにする。
(b) 中心の円は「**塗りつぶし-青、アクセント5**」にし、「**オフセット：下**」または「**オフセット
(下)**」の影を付ける。
(c) 周囲の円は「**パステル-青、アクセント5**」にする。
(d) 矢印は「**枠線のみ-青、アクセント5**」にし、枠の太さを太くする。

❹ すべての図形をグループ化しましょう。

❺ 1ページ目の文中にある3つの「」の中に適切と思える語句を記入しましょう。

❻オープンまでのスケジュールの図解をSmartArtグラフィック「矢印と長方形のプロセス」を使って、適切な位置に作成しましょう。スケジュールについては、以下のメモに基づいて記入すること。

2022年1月	工事スタート
2022年2月	アルバイト・パートの採用
	接客やサービスマナーの教育開始
2022年3月	新店舗オープン

❼作成したファイルは「ドキュメント」内のフォルダー「日商PC 文書作成2級 Word2019／2016」内のフォルダー「第7章」に「レストラン新店舗オープンの企画」として保存しましょう。

第1章
第2章
第3章
第4章
第5章
第6章
第7章
第8章
模擬試験
付録1
付録2
索引
資料

企 21-03
2021 年 9 月 1 日

営業推進部長　大門様

企画部長　芝　浩二

レストラン新店舗オープンの企画

企画部新規事業グループでは、新店舗（国分寺店）のオープンに関して以下の企画案をまとめましたので提案いたします。

1.　企画の目的
外食産業の競争は年々激化しており、既存の店舗の売り上げが伸び悩んでいる。そこで、新しいコンセプトを持った店舗を新たにオープンし、新規顧客の獲得を図るとともに売り上げを倍増して他社との競合に打ち勝つ。

2.　新規事業コンセプト
新規事業の基本コンセプトは「」「」「」とする。
大型スーパーと隣接した立地を確保し、ファミリーが入りやすい空間を作り、心地よいサービスを提供する。また、無農薬野菜を使用したメニューやカロリーをおさえたヘルシーメニューを用意して健康志向に対応する。

3.　具体的施策
①　大型スーパーとの併設
・買い物帰りの立ち寄り客を増やすため、正面の入口以外にスーパーから直接入れる入口を作る。
・店内の雰囲気が見えるように、スーパー側の一部をガラス張りにする。

②　席
・ファミリー専用席を用意し、子供用の椅子を用意する。
・1 人でも入りやすいよう、カウンター席を設ける。
・全席禁煙とする。
・空調を強化し、店全体の換気を良くする。

③　健康志向のメニュー
・無農薬、有機栽培の野菜を使用したメニューを用意する。
・ヘルシーメニューを用意し、メニューにカロリーや塩分などを記載する。
・農家と直接契約を結び、より新鮮で低価格な仕入れルートを確保する。
・500 円のランチメニューを「ワンコインランチ」として提供する。

4.　売上計画
売上計画は、別紙参照。

5.　スケジュール
オープンまでのスケジュールは次のとおり。

以上

第8章
別アプリケーションの
データの利用

STEP 1 作成する文書の確認

この章で作成する文書を確認します。

1 作成する文書の確認

次のようなWordの機能を使って、別アプリケーションのデータを利用した文書を作成します。

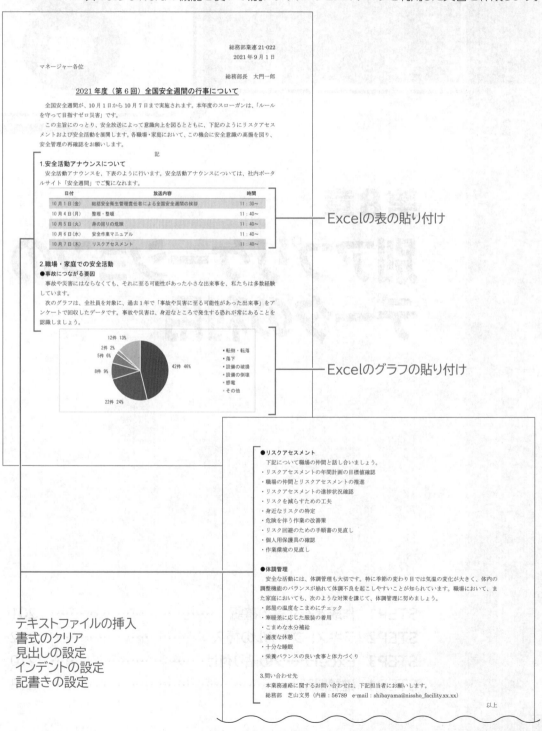

Excelの表の貼り付け

Excelのグラフの貼り付け

テキストファイルの挿入
書式のクリア
見出しの設定
インデントの設定
記書きの設定

STEP

2

テキストファイルの挿入

作成中の文書に、別のファイルから文章を挿入できます。指定した位置に挿入できるので、複数のファイルに入力された文章をひとつにまとめるときなどに使うと便利です。ここでは、テキストファイルの挿入、書式のクリアを行い、挿入した文章に書式を設定する方法について説明します。

1 テキストファイルの挿入

テキストファイルに入力した文章を作成中のWordファイルに挿入できるので、再度入力し直す手間が省けます。

 Let's Try テキストファイルの挿入

作成中の文書に、テキストファイル「安全活動」を挿入しましょう。

OPEN フォルダー「第8章」のファイル「全国安全週間の行事について」を開いておきましょう。

①文末にカーソルを移動します。
※ [Ctrl] + [End] を押すと効率的です。
②《挿入》タブを選択します。
③《テキスト》グループの ▭▾ (オブジェクト) の ▾ をクリックします。
④ **2019**
　《テキストをファイルから挿入》をクリックします。

　2016
　《ファイルからテキスト》をクリックします。
　※お使いの環境によっては、「ファイルからテキスト」が「テキストをファイルから挿入」と表示されることがあります。

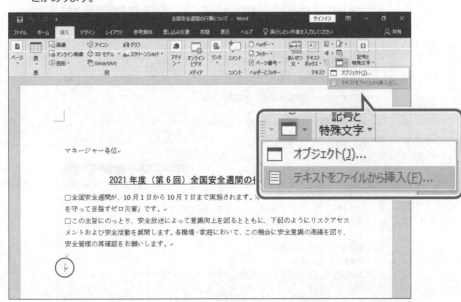

《ファイルの挿入》ダイアログボックスが表示されます。

ファイルが保存されている場所を選択します。

⑤左側の一覧から《PC》をクリックします。

⑥右側の一覧から《ドキュメント》をダブルクリックします。

⑦右側の一覧から「日商PC 文書作成2級 Word2019／2016」をダブルクリックします。

⑧右側の一覧から「第8章」をダブルクリックします。

ファイルの種類を変更します。

⑨ すべての Word 文書 | ▽ をクリックします。

⑩《テキストファイル》をクリックします。

⑪一覧から「安全活動」を選択します。

⑫《挿入》をクリックします。

《ファイルの変換-安全活動.txt》ダイアログボックスが表示されます。

⑬《Windows（既定値）》を◉にします。

⑭《OK》をクリックします。

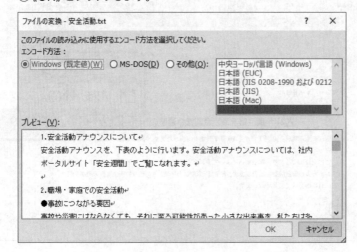

テキストファイルの文章が挿入されます。

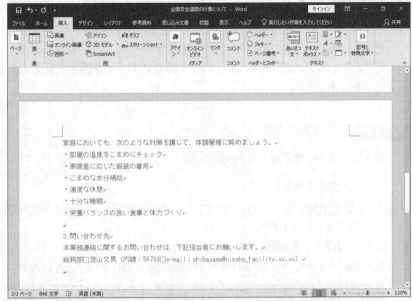

操作のポイント

テキストボックスや図形へのファイルの挿入

Wordファイルやテキストファイルの文章は、テキストボックスや図形に挿入することもできます。
テキストボックスにテキストを挿入するには、テキストボックス内にカーソルを移動してから操作します。
図形にテキストを挿入するには、図形を挿入後、図形を右クリック→《テキストの追加》をクリックし、図形内にカーソルを表示してから操作します。

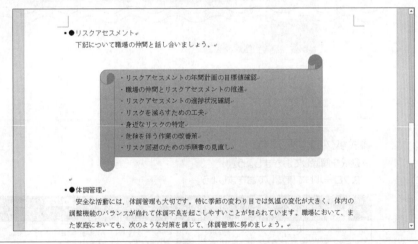

2 書式のクリア

ファイルを挿入すると、挿入したファイルの書式がそのまま挿入されます。テキストファイルを挿入すると、フォントが「MSゴシック」、フォントサイズが「10.5ポイント」という書式が設定されています。挿入先のWordファイルの既定の書式を適用させるには、書式をクリアする必要があります。

Let's Try 書式のクリア

挿入した文字の書式をクリアしましょう。

挿入した文字を選択します。
①「1.安全活動アナウンスについて」の行から「総務部…」で始まる行を選択します。
※行の左端をドラッグします。
②《ホーム》タブを選択します。
③《フォント》グループの をクリックします。

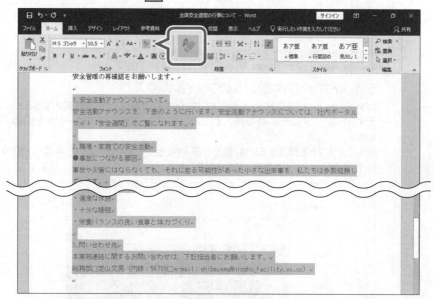

書式がクリアされます。
※選択を解除しておきましょう。
※スクロールして確認しておきましょう。

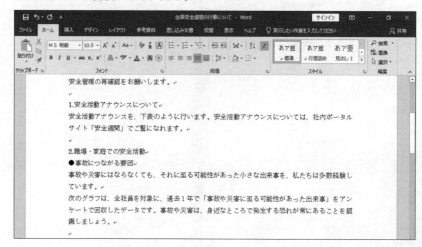

3 書式の設定

テキストファイルから文章を挿入後、必要に応じて書式を設定します。

Let's Try 見出しの設定

次の段落に、見出しを設定しましょう。

●見出し1

> 1.安全活動アナウンスについて
> 2.職場・家庭での安全活動
> 3.問い合わせ先

●見出し2

> ●事故につながる要因
> ●リスクアセスメント
> ●体調管理

見出し1を設定します。

①「1.安全活動アナウンスについて」の行にカーソルを移動します。

※行内であれば、どこでもかまいません。

②《ホーム》タブを選択します。

③《スタイル》グループの あア亜 見出し1 (見出し1) をクリックします。

※見出しを設定すると、文書の左側にナビゲーションウィンドウが表示される場合があります。表示された場合は、《表示》タブ→《表示》グループの《ナビゲーションウィンドウ》を □ にしてナビゲーションウィンドウを非表示にしておきましょう。

④同様に、「2.職場・家庭での安全活動」「3.問い合わせ先」に見出し1を設定します。

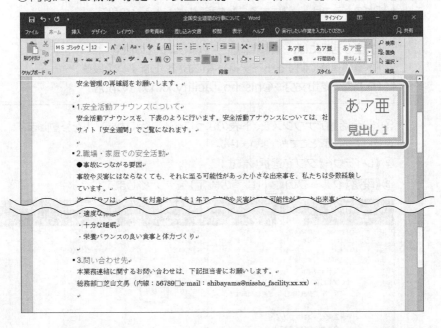

見出し2を設定します。

⑤「●事故につながる要因」の行にカーソルを移動します。

※行内であれば、どこでもかまいません。

⑥《スタイル》グループの ▼ (その他) をクリックします。

⑦ あア亜 見出し2 (見出し2) をクリックします。

⑧同様に、「●リスクアセスメント」「●体調管理」に見出し2を設定します。

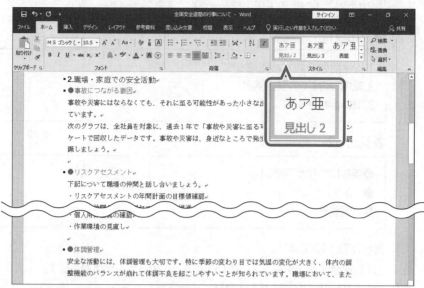

Let's Try インデントの設定

次の段落の先頭行に1字分のインデントを設定しましょう。

> 「安全活動アナウンスを、下表のように…ご覧になれます。」の段落
> 「事故や災害にはならなくても、…多数経験しています。」の段落
> 「次のグラフは、…常にあることを認識しましょう。」の段落
> 「下記について…話し合いましょう。」の段落
> 「安全な活動には、…体調管理に努めましょう。」の段落
> 「本業務連絡に関する…下記担当者にお願いします。」の段落
> 「総務部　芝山文男…@nissho_facility.xx.xx）」の段落

①「安全活動アナウンスを、下表のように…」の行にカーソルを移動します。

※行内であれば、どこでもかまいません。

②《レイアウト》タブを選択します。

③《段落》グループの 🔲 (段落の設定) をクリックします。

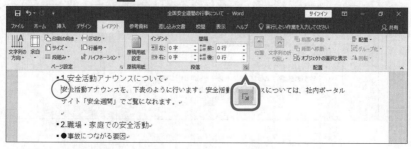

《段落》ダイアログボックスが表示されます。

④《インデントと行間隔》タブを選択します。

⑤《最初の行》の☑をクリックします。

⑥《字下げ》を選択します。

※《字下げ》を選択すると、自動的に《幅》が《1字》に設定されます。

⑦《OK》をクリックします。

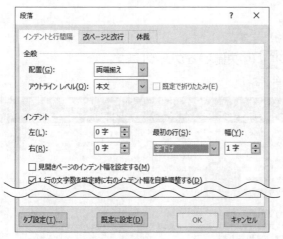

段落の先頭行に1字分のインデントが設定されます。

⑧同様に、「事故や災害にはならなくても、…多数経験しています。」の段落、「次のグラフは、…常にあることを認識しましょう。」の段落、「下記について…話し合いましょう。」の段落、「安全な活動には、…体調管理に努めましょう。」の段落、「本業務連絡に関する…下記担当者にお願いします。」の段落、「総務部　芝山文男…@nissho_facility.xx.xx）」の段落の先頭行に1字分のインデントを設定します。

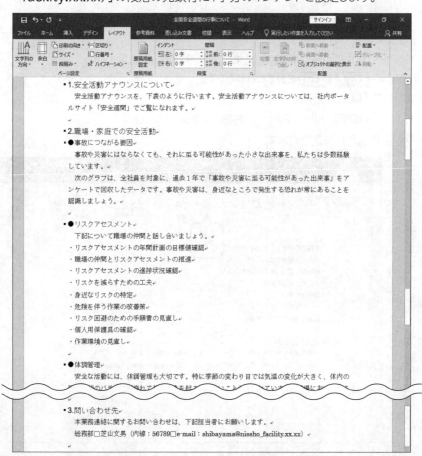

Let's Try 記書きの設定

挿入した文章に記書きを設定しましょう。

①「1.安全活動アナウンスについて」の上の行にカーソルを移動します。
②「記」と入力します。
③《ホーム》タブを選択します。
④《段落》グループの ▤ (中央揃え)をクリックします。
中央揃えが設定されます。

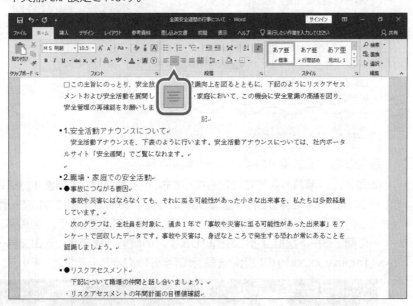

⑤文末にカーソルを移動します。
※ Ctrl + End を押すと効率的です。
⑥「以上」と入力します。
⑦《段落》グループの ▤ (右揃え)をクリックします。
右揃えが設定されます。

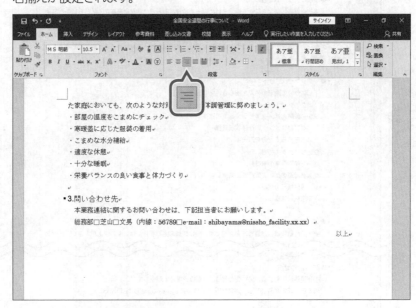

STEP
3

Excelデータの貼り付け

Excelで作成した表やグラフをWordで利用することができます。
「Excelで作成した表やグラフをWordに貼り付けて、報告書として仕上げる」という作業は、業務の種類を問わずよく見かけます。
ここでは、Excelの表とグラフの貼り付け方法について説明します。

1　Excelの表の貼り付け

Excelの表をWordに貼り付ける場合は、（貼り付け）を使います。 （貼り付け）を使うと、Excelで設定した書式のまま貼り付けられ、Wordの表として扱うことができます。そのほかの形式で貼り付けたい場合は、 （貼り付け）の を使います。

Let's Try 表のコピーと貼り付け

Excelファイル「安全放送の日程」にある表を、Wordファイル「全国安全週間の行事について」に元の書式を保持して貼り付けましょう。元のExcelの表が修正された場合でも貼り付け先のWord文書は修正されないようにします。

OPEN **フォルダー「第8章」のExcelファイル「安全放送の日程」を開いておきましょう。**

①Excelファイル「**安全放送の日程**」が表示されていることを確認します。
※タスクバーの をクリックすると表示が切り替わります。
表を範囲選択します。
②セル範囲【B4：D9】を選択します。
表をコピーします。
③《**ホーム**》タブを選択します。
④《**クリップボード**》グループの （コピー）をクリックします。

コピーされた範囲が点線で囲まれます。

⑤タスクバーの 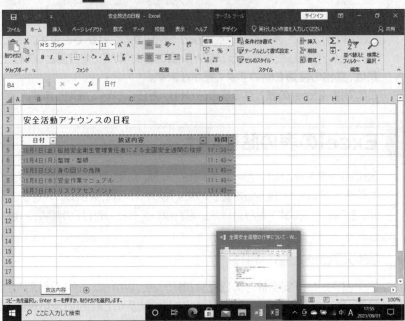 をクリックしてWordに切り替えます。

Wordファイル「**全国安全週間の行事について**」が表示されます。

表を貼り付ける位置を指定します。

⑥「**安全活動アナウンスを…**「**安全週間**」**でご覧になれます。**」の下の行にカーソルを移動
します。

⑦《**ホーム**》タブを選択します。

⑧《**クリップボード**》グループの 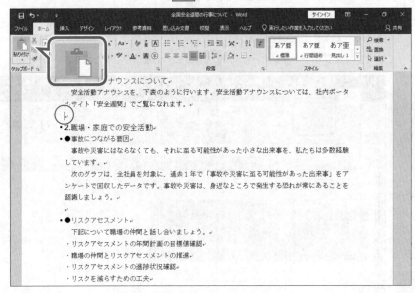 （貼り付け）をクリックします。

Excelの表が、Wordに貼り付けられます。

表のフォントサイズを変更します。

⑨表内をポイントし、 ✛ (表の移動ハンドル)をクリックします。

⑩《フォント》グループの 11 ▾ (フォントサイズ)の ▾ をクリックし、一覧から《9》を選択します。

※一覧をポイントすると、設定後のイメージを画面で確認できます。

第1章

第2章

第3章

第4章

第5章

第6章

第7章

第8章

模擬試験

付録1

付録2

索引

資料

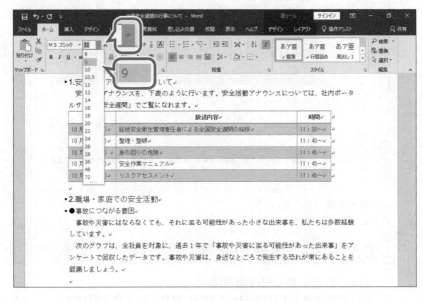

表のフォントサイズが変更されます。

表の配置を変更します。

⑪《段落》グループの ☰ (中央揃え)をクリックします。

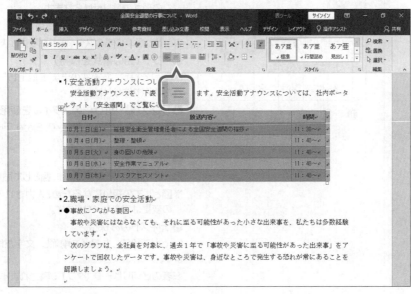

表の配置が変更されます。

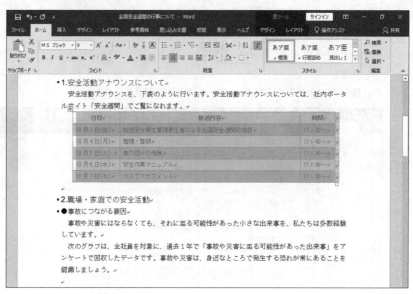

※選択を解除しておきましょう。
※Excelファイル「安全放送の日程」を保存せずに閉じておきましょう。

操作のポイント

Excelの表を貼り付ける方法
Excelの表をWordに貼り付ける方法には、次のようなものがあります。

❶元の書式を保持
Excelで設定した書式のまま、貼り付けます。
※初期の設定では （貼り付け）をクリックすると、この形式で貼り付けられます。

❷貼り付け先のスタイルを使用
Wordの標準の表のスタイルで貼り付けます。

❸リンク（元の書式を保持）
Excelで設定した書式のまま、Excelデータと連携された状態で貼り付けます。

❹リンク（貼り付け先のスタイルを使用）
Wordの標準の表のスタイルで、Excelデータと連携された状態で貼り付けます。

❺図
Excelで設定した書式のまま、図として貼り付けます。
※図としての扱いになるため、入力されているデータの変更はできなくなります。

❻テキストのみ保持
Excelで設定した書式を削除し、文字だけを貼り付けます。
※表の区切りは → （タブ）で表されます。

表のリンク
「リンク」には、つなぐ、連結するという意味があり、作成元のアプリケーションと連携している状態のことを指します。Excelの表をWord文書にリンクして貼り付けると、貼り付け元と貼り付け先のデータが連携されているので、元のExcelの表を修正すると、リンクして貼り付けたWordの表も更新されます。ただし、リンクした元のExcelファイルを削除したり、別のフォルダーに移動したりすると、Wordで読み込めなくなるので注意が必要です。

2　Excelのグラフの貼り付け

ExcelのグラフをWordに貼り付ける場合も、表と同様に 🖿 (貼り付け) を使います。そのほかの形式で貼り付けたい場合は、🖿 (貼り付け) の 貼り付け を使います。

 グラフのコピーと貼り付け

Excelファイル「事故や災害の可能性のあった出来事」にあるグラフを、Wordファイル「全国安全週間の行事について」に元の書式を保持して貼り付けましょう。元のExcelのグラフが修正された場合でも貼り付け先のWord文書は修正されないようにします。

📄OPEN **フォルダー「第8章」のExcelファイル「事故や災害の可能性のあった出来事」を開いておきましょう。**

①Excelファイル「事故や災害の可能性のあった出来事」が表示されていることを確認します。
※タスクバーの ⬛ をクリックすると表示が切り替わります。

グラフを選択します。

②グラフをクリックします。

グラフをコピーします。

③《ホーム》タブを選択します。

④《クリップボード》グループの 🖿 (コピー) をクリックします。

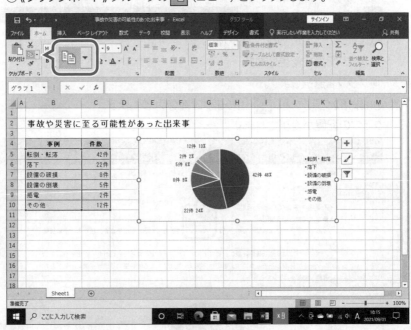

⑤タスクバーの 🗒 をクリックしてWordに切り替えます。

Wordファイル「全国安全週間の行事について」が表示されます。

グラフを貼り付ける位置を指定します。

⑥「…常にあることを認識しましょう。」の下の行にカーソルを移動します。

⑦《ホーム》タブを選択します。

⑧《クリップボード》グループの 🗐 (貼り付け) の 貼り付け をクリックします。

⑨ 🗐 (元の書式を保持しブックを埋め込む) をクリックします。

※一覧をポイントすると、設定後のイメージを画面で確認できます。

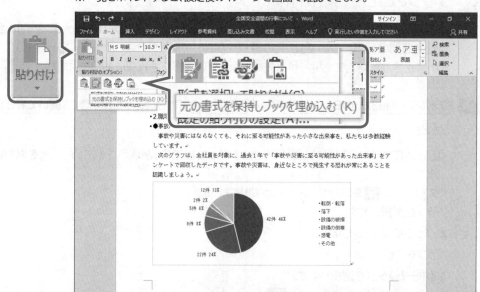

Excelのグラフが、Wordに貼り付けられます。

グラフの配置を変更します。

⑩グラフを選択します。

⑪《段落》グループの 📄 (中央揃え) をクリックします。

グラフの配置が変更されます。

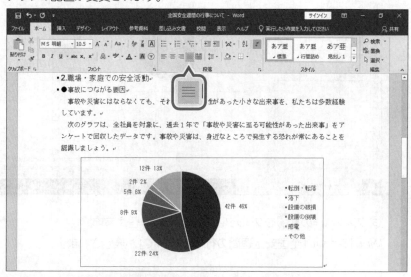

※Excelファイル「事故や災害の可能性のあった出来事」を保存せずに閉じておきましょう。

※ファイルに「全国安全週間の行事について（完成）」と名前を付けて、フォルダー「第8章」に保存し、閉じておきましょう。

操作のポイント

Excelのグラフを貼り付ける方法

ExcelのグラフをWordに貼り付ける方法には、次のようなものがあります。

❶ **貼り付け先のテーマを使用しブックを埋め込む**
Excelで設定した書式を削除し、Word文書に設定されているテーマで貼り付けます。
※初期の設定では、 （貼り付け）をクリックすると、この形式で貼り付けられます。

❷ **元の書式を保持しブックを埋め込む**
Excelで設定した書式のまま、Word文書に貼り付けます。

❸ **貼り付け先テーマを使用しデータをリンク**
Excelで設定した書式を削除し、Word文書に設定されているテーマで、Excelデータと連携された状態で貼り付けます。

❹ **元の書式を保持しデータをリンク**
Excelで設定した書式のまま、Excelデータと連携された状態で貼り付けます。

❺ **図**
Excelで設定した書式のまま、図として貼り付けます。
※図としての扱いになるため、データの変更はできなくなります。

グラフの編集

Wordに貼り付けたグラフを編集する場合は、《グラフツール》の《デザイン》タブ・《書式》タブを使います。

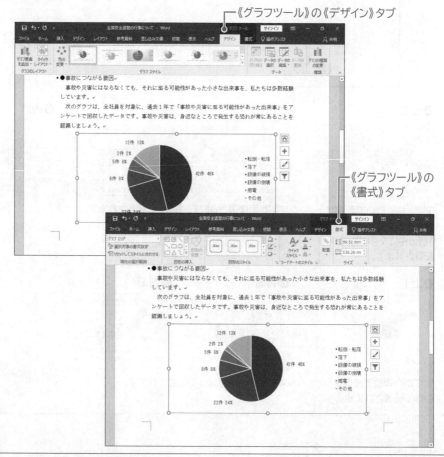

第1章
第2章
第3章
第4章
第5章
第6章
第7章
第8章
模擬試験
付録1
付録2
索引
資料

画像ファイルの挿入

デジタルカメラで撮影したりスキャナーで取り込んだりした画像ファイルを文書に挿入すると、表現力豊かな文書を作成できます。GIFやJPEG、WMP、BMPなど、さまざまな形式の画像ファイルを挿入できます。
画像ファイルを挿入する方法は、次のとおりです。

◆《挿入》タブ→《図》グループの 画像 (ファイルから)
※お使いの環境によっては、「ファイルから」が「画像を挿入します」と表示される場合があります。

文字列の折り返し

文書に挿入した画像は、文字と同じ扱いになり、1行の中に文字と画像が配置されます。そのため、画像と文字の配置を調整するには、「文字列の折り返し」を変更する必要があります。
文字列の折り返しを変更するには、画像の右側に表示される 📷 (レイアウトオプション) を使います。

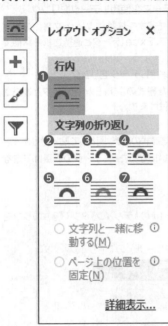

❶行内

文字と同じ扱いで画像が
挿入されます。
1行の中に文字と画像が
配置されます。

❺上下

文字が行単位で画像を
避けて配置されます。

❷四角形

❸狭く

❹内部

文字が画像の周囲に周り込んで配置されます。

❻背面

❼前面

文字と画像が重なって配置されます。

実技科目

次の操作を行い、文書を作成しましょう。

フォルダー「**第8章**」のファイル「**実績報告**」を開いておきましょう。

❶ 発信日、宛名、発信者を (a) ～ (c) の指示に従って記入しましょう。

   (a) 発信日は、2021年4月16日
   (b) 宛名は、総務部長
   (c) 発信者は、総務課　田中和美

❷ 標題は「リフレッシュ休暇の取得実績報告」とし、目立つようにMSPゴシック、14ポイントに拡大しましょう。

❸ 報告書の内容は、フォルダー「**第8章**」内にあるテキストファイル「**報告**」に記入してあります。次の (a) ～ (d) の指示に従って挿入しましょう。

   (a) 適切な位置に文章を挿入する。
   (b) 貼り付け先の文書の書式に合わせる。
   (c) 項目に段落番号「1.2.3.」を追加する。
   (d) 調査結果の文章と総括の文章に段落番号「①②③」を追加する。

❹ 調査結果①の下に、フォルダー「**第8章**」内にあるExcelファイル「**集計**」の表を元の書式を保持して貼り付けましょう。表の大きさは必要に応じて変更すること。

❺ 調査結果の「●」に適切と思える数字を記入しましょう。

❻ 調査結果②の下に、フォルダー「**第8章**」内にあるExcelファイル「**集計**」のグラフを元の書式を保持して貼り付けましょう。

❼ グラフの数値軸の上にテキストボックスを作成して、「（人）」と記入しましょう。フォントはグラフに合わせて変更すること。

❽ 報告書を読みやすくするために、適切な位置でページをあらためましょう。

❾ 作成したファイルは「ドキュメント」内のフォルダー「**日商PC 文書作成2級 Word2019／2016**」内のフォルダー「**第8章**」に「**リフレッシュ休暇の取得実績報告**」として保存しましょう。

第1章
第2章
第3章
第4章
第5章
第6章
第7章
第8章
模擬試験
付録1
付録2
索引
資料

218

ファイル「実績報告」の内容

実績報告

調査の主旨と目的
福利厚生制度重点項目の 1 つであるリフレッシュ休暇について、取得状況を把握するととも
に、今後のリフレッシュ休暇の取得促進について検討するために調査した。

調査概要
調査期間：2020 年 4 月 1 日～2021 年 3 月 31 日（12 か月）
調査対象：勤続 10 年、20 年、30 年のリフレッシュ休暇取得対象者
調査項目：休暇取得状況と休暇の過ごし方
調査方法：休暇取得社員へのアンケート

ファイル「報告」の内容

報告 - メモ帳　　　　　　　　　　　　　　　　　　　　　　　　　　　　　　　　　－　□　×
ファイル(F)　編集(E)　書式(O)　表示(V)　ヘルプ(H)
調査結果
リフレッシュ休暇の取得者は、次のように勤続10年が●人、勤続20年が●人、勤続30年が●人で合計
●人であり、それぞれの取得率が90％を超えた。

休暇の過ごし方は、男女別に次のようになった。

総括
総務部では、高取得率をめざして、年度の初めに「リフレッシュ休暇通知」を、12月末には「取得促
進通知」を対象者に発行するなど、取得促進の努力が功を奏し、目標の90％を達成できた。
アンケートの感想からリフレッシュ休暇制度が有効に使われたことがわかった。
取得しなかった人もいたので、取得しなかった理由や職場背景などを調査し、今後の取得促進に反映
したい。

1行、1列　　　　　　　　100%　　　Windows (CRLF)　　ANSI

ファイル「集計」の内容

リフレッシュ休暇取得実績

勤続年数	対象者（人）	取得者（人）	取得率
10年	109	101	93%
20年	60	55	92%
30年	21	20	95%
合計	190	176	93%

リフレッシュ休暇の過ごし方

（人）

	海外旅行	国内旅行	休養	自己啓発	その他	合計
男性	26	20	36	18	20	120
女性	31	10	6	4	5	56
合計	57	30	42	22	25	176

Challenge

模擬試験

模擬試験 問題

解答 ▶ 別冊P.15

本試験は、試験プログラムを使ったネット試験です。
本書の模擬試験は、試験プログラムを使わずに操作します。

知識科目

試験時間の目安：5分

本試験の知識科目は、文書作成分野と共通分野から出題されます。
本書では、文書作成分野の問題のみを取り扱っています。共通分野の問題は含まれません。

■ **問題 1** 文書の読み手や目的について述べた文として正しいものはどれですか。次の中から選びなさい。

1 大勢の人に向けて発信する文書では、読み手の想定は省略する。

2 どのような文書でも読み手と目的を明確にすることは大事である。

3 文書の最も大事な目的は「文書を期限までに完成させること」である。

■ **問題 2** 稟議書について述べた文として正しいものはどれですか。次の中から選びなさい。

1 稟議書は提案書の一種で、決定権者に決裁を求めるための文書である。

2 稟議書の内容は、会議を開いて決めるのが一般的である。

3 稟議書の対象になるのは物品の購入であり、仕事の改善は対象にならない。

■ **問題 3** 「列車」「バス」「ヘリコプター」「自転車」の4つの言葉が適切に配置されたマトリックスはどれですか。次の中から選びなさい。

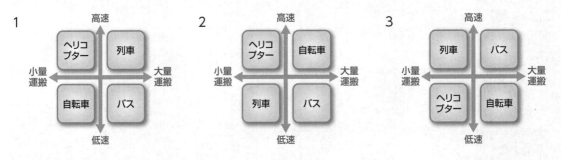

■ **問題 4** 箇条書きについて述べた文として正しいものはどれですか。次の中から選びなさい。

1 箇条書きは文を並べるものであり、名詞を並べることはない。

2 1つの項目が2行以上になるような長い文は、短くするか2つの項目に分ける。

3 箇条書きの項目数が2桁になるのは避けたほうがよい。

■ **問題 5** 起承転結について述べた文として適切なものはどれですか。次の中から選びなさい。

　　1　起承転結は、ビジネス文書で最も多く使われている構成パターンである。

　　2　起承転結の構成パターンは、社内報のコラムのような文章に適している。

　　3　起承転結は、情報を効率よく伝えたいときに使われる構成パターンである。

■ **問題 6** 書体における固定ピッチフォントについて述べた文はどれですか。次の中から選びなさい。

　　1　MSP明朝は固定ピッチフォントである。

　　2　MSPゴシックは固定ピッチフォントである。

　　3　MS明朝は固定ピッチフォントである。

■ **問題 7** 事故報告書について述べた文として適切なものはどれですか。次の中から選びなさい。

　　1　客観的な事実を簡潔に正確に記述する。

　　2　事故原因が明確でない場合、誤解を招く恐れがあるので予測される原因についての記述は避ける。

　　3　事故報告書は客観的な事実だけを記述するので、反省点などの意見を述べる項目は設けない。

■ **問題 8** 色相環における補色について述べた文として適切なものはどれですか。次の中から選びなさい。

　　1　色相環では、補色関係を知ることはできない。

　　2　色相環で、中心を挟んで反対側に位置している2つの色は補色関係にある。

　　3　色相環の両隣にある色は、補色関係にある。

■ **問題 9** 会社の業務を確実に遂行するために必要なものはどれですか。次の中から選びなさい。

　　1　口頭による伝達

　　2　会議による合意

　　3　文書による伝達

■ **問題 10** 発信した文書を顧客別に分類するとき、一般に使われる分類方法はどれですか。次の中から選びなさい。

　　1　時系列による分類

　　2　固有名詞による分類

　　3　文書の種類による分類

本試験の実技科目は、試験プログラムを使って出題されます。
本書では、試験プログラムを使わずに操作します。

あなたは日商飲料株式会社の販売促進課の社員です。
先週の課内会議で課長から記録担当を命ぜられ、議事録を仕上げることになりました。
販売促進課では、議事録のテンプレートファイル（「ドキュメント」内のフォルダー「日商PC
文書作成2級 Word2019／2016」内のフォルダー「模擬試験」にあるテンプレートファイ
ル「販売促進課会議議事録テンプレート」）を用意しているので、そのファイルをもとに、以
下の指示に従い作成しなさい。

※試験時間内に作業が終わらない場合は、終了時点の文書ファイルを指定されたファイル名で保存して
　から終了してください。保存された結果のみが採点対象となります。

議事録は、以下の内容で作成すること。

❶文書番号「S-210705-1」と、提出日「2021年7月5日」を記載すること。

❷標題が目立つように、MSゴシック、18ポイントにし、段落の周囲を1.5ptの太さの影付
きの実線で囲むこと。

❸開催日時は、2021年7月5日の月曜日、13時半から15時までだった。場所は会議室
301。

❹当日の出席者は、佐々木さん、中川さん、浜崎くん、山田課長、安藤主任で、上田が記録
を務めた。

❺議事は3つで、「販売目標確認」、「新製品販促イベント進捗確認」、「ネットで応募キャン
ペーン企画の検討」だった。

❻討議事項を記載するため、会議の内容について先輩に確認したところ、以下のメモを
渡され指示を受けた。これに基づき記載すること。
　・「販売目標確認」について、（　）の部分は、Excelファイル「販売目標」を開いて確認
　　し、数値を入れること。（カッコは付けない）
　・「新製品販促イベント進捗確認」については、「Vitamin Fruit time」シリーズを
　　「VF time」シリーズに訂正すること。
　・「ネットで応募キャンペーン企画の検討」については、2つの文に分けること。

メモ

販売目標確認
力を入れている「フルーツティー」について、第1四半期の販売目標は（　　　　）千円。ほ
ぼ達成が確定している。年間の販売目標合計は（　　　　）千円。

新製品販促イベント進捗確認
横浜アリーナにて10月10日に開催されるヨガフェスティバルで、フルーツティーの新製
品「Vitamin Fruit time」シリーズを発表し、キャンペーン展開する。

ネットで応募キャンペーン企画の検討
キャンペーン用のサイト（PC用およびスマートフォンサイト）を作成して、画面にブランド
イメージロゴとキャッチフレーズ（参考資料）を活用する。

---

❼討議事項の項目内の文章の行頭に、全角2字分のインデントを設定すること。

❽討議事項の項目に、スタイル「**見出し2**」を設定すること。次に、「**見出し2**」に下線を設定し、スタイルを適用すること。

❾「**見出し1**」が目立つように、「**見出し1**」のスタイルを太字に設定し、スタイルを適用すること。

❿「**次回の会議予定**」の項目を文書の最後に追加すること。日時は7月12日月曜日の午後1時から2時半で、オンライン会議で実施。見出しは、「**議事**」「**討議事項**」と同じスタイルを設定すること。

⓫2ページ目を挿入し、2ページ目のみページ設定で用紙を横位置に設定すること。

⓬2ページ目には、「**参考資料**」と見出しを入力し、「**議事**」「**討議事項**」と同じスタイルを設定すること。

⓭2ページ目に「**●ブランドイメージロゴ**」と入力し、「**ドキュメント**」内のフォルダー「**日商PC 文書作成2級 Word2019／2016**」内のフォルダー「**模擬試験**」にある画像ファイル「**Ftea_logo**」を挿入し、横幅が用紙の半分くらいになるように大きさを調整し、中央に配置すること。

⓮2ページ目に「**●キャッチフレーズ**」と入力し、以下のような図形を作成すること。あらかじめ用意されている図形を使い、影を付けること。

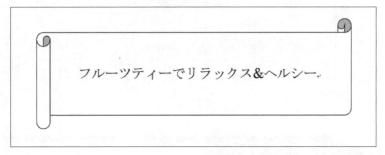

⓯作成したファイルは、「**ドキュメント**」内のフォルダー「**日商PC 文書作成2級 Word2019／2016**」内のフォルダー「**模擬試験**」にWord文書「**販売推進課会議議事録0705**」として保存すること。

ファイル「販売促進課議事録テンプレート」の内容

　　　　　　　　　　　販売促進課会議　議事録

日　時：XXXX 年 X 月 X 日（〇）xx:xx〜xx:xx
場　所：〇〇〇〇〇室
出席者：

■議事
1.
2.
3.
4.
5.

■討議事項
1.
2.
3.
4.
5.
　　　　　　　※簡潔にまとめること

ファイル「販売目標」の内容

	A	B	C	D	E	F	G
1		販売目標					
2							
3						（千円）	
4		第1四半期	第2四半期	第3四半期	第4四半期	合計	
5	緑茶	5,000	5,500	6,300	7,000	23,800	
6	ハーブティー	2,500	3,000	3,500	4,500	13,500	
7	フルーツティー	950	950	1,200	1,800	4,900	
8	合計	8,450	9,450	11,000	13,300	42,200	
9							

ファイル「Ftea_logo」の内容

本試験は、試験プログラムを使ったネット試験です。
本書の模擬試験は、試験プログラムを使わずに操作します。

知識科目   試験時間の目安：5分

本試験の知識科目は、文書作成分野と共通分野から出題されます。
本書では、文書作成分野の問題のみを取り扱っています。共通分野の問題は含まれません。

■ **問題 1** ビジネス文書の役割は何ですか。次の中から選びなさい。

1　「情報や考えをまとめること」「情報や考えを広く発信すること」「発信した内容を保存すること」

2　「情報や考えを正確に伝えること」「記録として残すこと」「行動を促すこと」

3　「コミュニケーションの密度を高めること」「多様な表現を使うこと」「やり残した内容を保管すること」

■ **問題 2** 2020年12月1日に行った会議に関する資料を収めているフォルダーの名前が「X01_201201」のとき、2021年9月10日に行った会議の資料を収めているフォルダーの名前はどれですか。次の中から選びなさい。

1　X01_21910

2　X01_20210910

3　X01_210910

■ **問題 3** 中心要素Xから要素A、B、Cに影響を及ぼす様子を示している図解はどれですか。次の中から選びなさい。

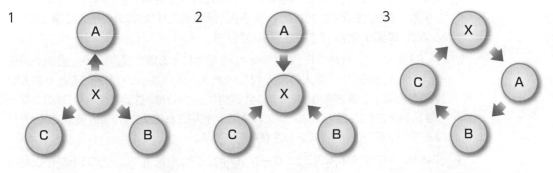

■ **問題 4** 「概論―各論―まとめ」の展開をしているのはどれですか。次の中から選びなさい。

1　前置き―個別の説明―重要事項―全体のまとめ

2　前置き―具体的な内容―主張―全体のまとめ

3　前置き―全体の要約―詳細説明―ポイントの整理

■ **問題 5** 調査報告書の記載項目の順序が適切なものはどれですか。次の中から選びなさい。

1. 1. 調査の目的
   2. 調査の概要
   3. 調査の詳細
   4. 総括
   5. 添付資料

2. 1. 調査の目的
   2. 調査の詳細
   3. 調査の概要
   4. 総括
   5. 添付資料

3. 1. 総括
   2. 調査の目的
   3. 調査の概要
   4. 調査の詳細
   5. 添付資料

■ **問題 6** 箇条書きの行頭に番号を付ける場合はどれですか。次の中から選びなさい。

1. 重要な順番に並べるとき

2. 箇条書きの中の任意の項目について、本文の中で説明を加えたいとき

3. 話題性がある順番に並べたいとき

■ **問題 7** 専門用語「SNS」の扱いが最も適切な文はどれですか。次の中から選びなさい。

1. 友人・知人間のコミュニケーションを円滑にする場を提供したり、趣味や居住地、出身校、あるいは「友人の友人」といった人と人のつながりを通じて新たな人間関係を構築する場を提供したりする会員制サービスのSNSは、身近で便利なコミュニケーション手段ですが、最近ではアカウントが不正利用されたりウイルスの被害に遭ったりするなどの事例が発生しており注意が必要です。

2. SNS（友人・知人間のコミュニケーションを円滑にする場を提供したり、趣味や居住地、出身校、あるいは「友人の友人」といった人と人のつながりを通じて新たな人間関係を構築する場を提供したりする会員制サービス）は、身近で便利なコミュニケーション手段ですが、最近ではアカウントが不正利用されたりウイルスの被害に遭ったりするなどの事例が発生しており注意が必要です。

3. SNS*は、身近で便利なコミュニケーション手段ですが、最近ではアカウントが不正利用されたりウイルスの被害に遭ったりするなどの事例が発生しており注意が必要です。

   ＊友人・知人間のコミュニケーションを円滑にする場を提供したり、趣味や居住地、出身校、あるいは「友人の友人」といった人と人のつながりを通じて新たな人間関係を構築する場を提供したりする会員制サービスを指す。

■ **問題 8** 文書の構成要素のひとつである、ヘッダーについて述べた文として適切なものはどれですか。次の中から選びなさい。

1 ページ番号や日付を入れるページの下部の余白部分を指す。

2 ページ番号や日付を入れるページの上部の余白部分を指す。

3 ページ番号、日付、柱の総称をヘッダーと呼ぶ。

■ **問題 9** 三角形による階層構造を示した図解で適切なものはどれですか。次の中から選びなさい。

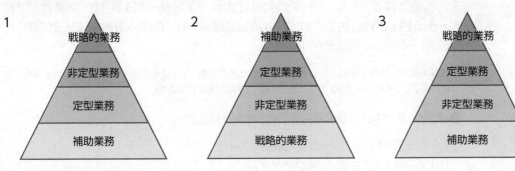

1
戦略的業務
非定型業務
定型業務
補助業務

2
補助業務
定型業務
非定型業務
戦略的業務

3
戦略的業務
定型業務
非定型業務
補助業務

■ **問題 10** A4判の文書の1行当たりの文字数として適切なのはどれですか。次の中から選びなさい。

1 なるべく30字以内にする。

2 なるべく40字以内にする。

3 なるべく50字以内にする。

本試験の実技科目は、試験プログラムを使って出題されます。
本書では、試験プログラムを使わずに操作します。

あなたは日商コンピューター株式会社のCSR推進室の社員です。
上司の指示で、会社見学者用に「CSRへの取り組み」についての資料を作成することになりました。作成にあたっては、前年度に作成したファイルをもとに、一部を修正しながら2ページで仕上げることにします。
元になる文書ファイル（「ドキュメント」内のフォルダー「日商ＰＣ　文書作成2級Word2019／2016」内のフォルダー「模擬試験」にある「CSRへの取り組み_2020」）を開き、以下の指示に従い作成しなさい。

※試験時間内に作業が終わらない場合は、終了時点の文書ファイルを指定されたファイル名で保存してから終了してください。保存された結果のみが採点対象となります。

❶標題は、次の（a）～（d）の指示に従って記入すること。

　（a）和文書体はMSゴシック、欧文書体はArialとする。
　（b）文字サイズを本文よりも大きくする。
　（c）位置は中央揃えとする。
　（d）枠の右下方向に影をつける。

❷標題の下の空白部分に、Wordファイル「素材」の【リード文】に示された文章を（a）、（b）の指示に従って挿入すること。

　（a）3つの文を適切な順序に並べ替えて1つの段落を作る。
　（b）段落の最初の1字はインデントさせる。

❸3か所の長方形の枠内に、Wordファイル「素材」の【見出し】の中から適切なものを選んで左揃えで記入し、和文書体はMSゴシック、欧文書体はArialにすること。

❹1ページ目の文中にある5つの「　」の中に適切と思える語句を入力すること。（カギカッコは削除）

❺1ページ目の図の中にある4か所の両端矢印を、Wordファイル「素材」の【矢印】にある矢印①～④の中から適切なものを選んで差し替えること。

❻2ページ目の最初の文「CSRの全社活動をマネジメントシステムととらえ次のワークフローに沿って継続的にCSRが機能していくように管理しています。」の最も適切と思える1か所に読点を打つこと。

❼2ページ目のフローチャートの中の「監査」を、図形の変更の機能を使って長方形からひし形に変えること。

❽フローチャートの中の、枠を結ぶ線の太さを、2.25ポイントにすること。

❾フローチャートの右側にある、フローチャートの説明文の文体を、「ですます体」から「である体」に変更すること。

❿2ページ目にある「Plan」→「Do」→「See」の逆三角形の図を、上司から渡されたメモ（「ドキュメント」内のフォルダー「日商PC 文書作成2級 Word2019／2016」内のフォルダー「模擬試験」にある画像ファイル「メモ」）に従って修正すること。その際、円や矢印の大きさ・形は前と同じものを使うこと。

⓫2ページ目の文中にある4つの「　」に適切と思える語句を入力すること。（カギカッコは削除）

⓬ページ番号を、それぞれのページの下部中央に挿入すること。

⓭右上にある発行日を2021年4月1日に変更すること。

⓮作成したファイルは、「ドキュメント」内のフォルダー「日商PC 文書作成2級 Word2019／2016」内のフォルダー「模擬試験」に「CSRへの取り組み_2021」として保存すること。

ファイル「CSRへの取り組み_2020」の内容

日商コンピューター株式会社　　　　　　　　　　　　　　　　発行:2020 年 4 月 1 日

CSR への取り組み

　　本報告書は、当社が昨年度に取り組んだ CSR 活動推進の記録です。昨年度のさまざまな取り組みの中から、ステークホルダーとの関係、CSR マネジメントシステム、各部門における CSR 活動推進のサイクルの 3 点に絞って取り上げています。

　　日商コンピューターの事業活動は、数多くのステークホルダー（会社に対する利害関係者）との関係があって初めて成り立ち、企業としての存続が可能になっています。ステークホルダーとの良好なコミュニケーションと、より良い信頼関係の構築が、CSR 活動推進と会社の持続的な発展のためにたいへん重要であると考えます。

　　日商コンピューターでは、当社の事業活動に特に関わりの深いステークホルダーを、下図のように、「　」、「　」、「　」、「　」、「　」の 5 つのグループに区分し、このいずれからも信頼される会社であるよう、事業活動を通してさまざまな貢献をしていきたいと考えています。

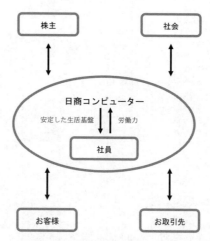

231

日商コンピューター株式会社　　　　　　　　　　　　　　　　　発行：2020 年 4 月 1 日

CSR の全社活動をマネジメントシステムととらえ次のワークフローに沿って継続的に CSR が機能していくように管理しています。

- **方針と目標設定**
  経営方針の中で、CSR マネジメントの方針と目標を具体的に明示します。
- **組織と責任の明確化**
  CSR 委員会以下、各層、各部門の責任を明確に示します。
- **計画の策定**
  CSR マネジメントの方針に従って、全社の活動計画を策定します。
- **実行**
  計画に沿った全社活動が推進され、必要に応じてフィードバックが行われます。
- **監査**
  監査部門によって定期的に監査が行われ、問題があるときは是正に向けた改善策が検討されます。
- **マネジメントレビュー**
  監査結果がトップマネジメントに報告され、必要に応じて方針と目標の見直しが行われます。

各部門における社員ひとりひとりがあらゆる事業活動において、CSR に対する考え方を徹底することが CSR 活動推進には不可欠です。そのために、CSR 推進の「　」→「　」→「　」→「　」のサイクルを回して、全部門に意識の徹底を図り行動をうながしています。

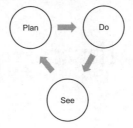

本報告書に関する問い合わせ先
〒100-0001 東京都千代田区丸の内 X-X-X　日商コンピューター株式会社　CSR 推進室
担当：芝　一郎（TEL：03-9999-XXXX　e-mail：shiba@nisshocomputer.xx.xx）

ファイル「素材」の内容

【リード文】

当社はこれまでも社会に対してさまざまな活動を通して社会的責任を果たしてきました。
「CSR」とは Corporate Social Responsibility の頭文字をとったもので、一般に「企業の社会的責任」と呼ばれています。
たとえば、商品やサービスの提供、雇用、納税などです。

【見出し】

● CSR マネジメントシステム
● ステークホルダーとの関係
● 各部門における CSR 活動推進サイクル

【矢印】

①
商品・サー
ビス・満足　　　対価

②
投資　　　配当

③
公正な取引に基づく
パートナーシップ　　　対価

④
ビジネスの　　　地域への貢献
場の提供　　　　社会への貢献

ファイル「メモ」の内容

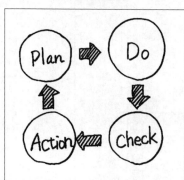

模擬試験　問題

解答 ▶ 別冊P.27

本試験は、試験プログラムを使ったネット試験です。
本書の模擬試験は、試験プログラムを使わずに操作します。

知識科目

試験時間の目安：5分

本試験の知識科目は、文書作成分野と共通分野から出題されます。
本書では、文書作成分野の問題のみを取り扱っています。共通分野の問題は含まれません。

■ **問題 1** 段落について述べた文として正しいものはどれですか。次の中から選びなさい。

1　1つの段落内の文の数は、5つ以下に抑えるのがよい。

2　1つの段落内の文の数は、常に2つ以上にしなければならない。

3　主題文は、各段落の最後に置くのが基本である。

■ **問題 2** ビジネス文書を作成するときの推敲について述べた文として正しいものはどれですか。次の中から選びなさい。

1　最終的に伝えたいことは何かを明確にすること。

2　文書作成に必要な情報を集め、その中から使えるものを残すこと。

3　内容や表現が文書の種類・テーマ・目的・読み手に合っているか、文章は簡潔にまとまっているかなどについて確認すること。

■ **問題 3** 社外向けの連絡文書について述べた文として正しいものはどれですか。次の中から選びなさい。

1　記書き形式は使わない。

2　日ごろの取引に対する感謝の気持ちも伝わるような書き方をする。

3　時候の挨拶や感謝の挨拶は省略してもよい。

■ **問題 4** 事実を述べた文はどれですか。次の中から選びなさい。

1　A社の売り上げはB社の半分である。

2　A社の売り上げはB社の半分であり、B社の強さが際立っている。

3　A社の売り上げはB社に遠く及ばず半分に過ぎない。

■ **問題5** 欧文書体のセリフ体の説明として適切なものはどれですか。次の中から選びなさい。

1 和文書体のゴシック体に近いデザインである。

2 和文書体の楷書体に近いデザインである。

3 和文書体の明朝体に近いデザインである。

■ **問題6** 図解作成におけるボトムアップ型アプローチについて述べた文として正しいのはどれですか。次の中から選びなさい。

1 図解の形は最初に決め、必要に応じてそれを加工しながら完成させていく方法である。

2 キーワードを抽出し、キーワード相互の状態・構造や関係、変化を考えながら、キーワードをつないだり配置したりしながら図解を完成させる。

3 複雑な図解の作成には向かない。

■ **問題7** 知的所有権に関する関係書類の法的保存年限は何年ですか。次の中から選びなさい。

1 10年

2 5年

3 永年

■ **問題8** 動作を表す敬語として正しいものはどれですか。次の中から選びなさい。

1 「思う」の謙譲語は「思われる」、尊敬語は「存じ上げる」である。

2 「見る」の謙譲語は「拝見する」、尊敬語は「ご覧になる」である。

3 「与える」の謙譲語は「くださる」、尊敬語は「賜る」である。

■ **問題9** 図解で図形を使うとき、最も安定した印象を与える形はどれですか。次の中から選びなさい。

1

2
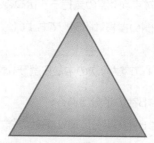

3

■ **問題 10** 次の文章は出張報告書の中の活動経過に関する記述ですが、時系列で記述されているものはどれですか。次の中から選びなさい。

1 ●活動経過
　下記のように特約店3社を訪問し、当社商品の販売状況を詳しく調査した。
　・7月7日（水）
　　3社の中では会社規模が最も大きい、鴨川市の特約店X商事を訪問した。
　　（調査内容省略）
　・7月8日（木）
　　3社の中では取引量が最も多い、水戸市の特約店Y商店を訪問した。
　　（調査内容省略）
　・7月9日（金）
　　3社の中では取引量が2番目に多く会社規模も2番目に大きい、沼津市の特約店Z販売を訪問した。
　　（調査内容省略）

2 ●活動経過
　下記のように特約店3社を訪問し、当社商品の販売状況を詳しく調査した。
　・7月8日（木）
　　3社の中では取引量が最も多い、水戸市の特約店Y商店を訪問した。
　　（調査内容省略）
　・7月9日（金）
　　3社の中では取引量が2番目に多く会社規模も2番目に大きい、沼津市の特約店Z販売を訪問した。
　　（調査内容省略）
　・7月7日（水）
　　3社の中では取引量は最も少ないが会社規模は最も大きい、鴨川市の特約店X商事を訪問した。
　　（調査内容省略）

3 ●活動経過
　下記のように特約店3社を訪問し、当社商品の販売状況を詳しく調査した。
　・7月7日（水）
　　3社の中では会社規模が最も大きい、鴨川市の特約店X商事を訪問した。
　　（調査内容省略）
　・7月9日（金）
　　3社の中では会社規模が2番目に大きく取引量も2番目に多い、沼津市の特約店Z販売を訪問した。
　　（調査内容省略）
　・7月8日（木）
　　3社の中では会社規模は最も小さいが取引量は最も多い、水戸市の特約店Y商店を訪問した。
　　（調査内容省略）

本試験の実技科目は、試験プログラムを使って出題されます。
本書では、試験プログラムを使わずに操作します。

あなたは日商機器販売株式会社の広報室の社員です。
このたび上司の指示で、提案書を作成することになりました。
元になるファイル（「ドキュメント」内のフォルダー「日商PC 文書作成2級 Word2019／2016」内のフォルダー「模擬試験」にある「社内報デジタル化提案書」）を開き、以下の指示に従って作成しなさい。

※試験時間内に作業が終わらない場合は、終了時点の文書ファイルを指定されたファイル名で保存してから終了してください。保存された結果のみが採点対象となります。

❶ 発信日付は「2021年10月1日」とし、「総務部」に宛てて発行すること。

❷ 提案書は、記書き形式とすること。

❸ 3項の「デジタル化によって、次のようなさまざまな効果が見込める。」のあとの文章を箇条書きに変えること。

❹ 4項の「管理の容易性では紙文書は煩雑で、デジタル文書は容易である。またセキュリティーレベルでは紙文書は低く、デジタル文書は高い。このことから、」を、「マトリックスで示すと下図のようになる。」と変える。また、4項の文章を2つにまとめること。

❺「管理の容易性では紙文書は煩雑で、デジタル文書は容易である。またセキュリティーレベルでは紙文書は低く、デジタル文書は高い。」をマトリックス型図解で表現する。
・マトリックスはSmartArtグラフィックの「グリッドマトリックス」を使う。
・グリッドマトリックスの横軸は「セキュリティーレベル」とし、右側が「高い」、左側が「低い」として、それぞれの文字を記入する。
・グリッドマトリックスの縦軸は「管理の容易性」とし、上側が「容易」、下側が「煩雑」として、それぞれの文字を記入する。
・「デジタル文書」と「紙文書」の文字を適切な象限に記入する。
・文字が入っていない2つの象限の角丸四角形は「塗りつぶしなし」として表示させないようにする。

❻「デジタル文書」の角丸四角形を「円形吹き出し」で指すようにし、その中に「情報の一元管理」と記入する。また、「紙文書」の角丸四角形を「円形吹き出し」で指すようにし、その中に「紛失・漏洩のリスク」と記入する。
2つの円形吹き出しは「塗りつぶしなし」とし、文字は黒にすること。

❼ 5項の文章のあとに、Excelファイル「文書の最適な管理方法アンケート」を開いて、表示されているグラフを貼り付け、「その結果、デジタル化による管理を最適とする意見が70％を超えた。」を「その結果、グラフが示すようにデジタル化による管理を最適とする意見が70％を超えた。」と変えること。

❽8項の表を1文で表現し、表は削除すること。

❾ページ番号を、それぞれのページの下部中央に挿入すること。

❿作成したファイルは、「ドキュメント」内のフォルダー「日商PC 文書作成2級 Word2019／2016」内のフォルダー「模擬試験」に「社内報デジタル化提案書（完成）」として保存すること。

ファイル「社内報デジタル化提案書」の内容

広報室長　大門花子

社内文書デジタル化のご提案

標記の件について、下記のように提案します。次回の経営課題検討会で議論いただきますようお願いします。

1. 提案内容

現在紙で発行している社内文書をデジタル化し、社内サーバー管理に切り替える。

2. 提案の背景

紙文書のデジタル化は業務のペーパーレス推進に不可欠な取り組みである。現在、全社員が社内ネットワークに接続できる環境にあり、データ化した文書の配信や共有に支障はないと考えられる。

3. 効果

デジタル化によって、次のようなさまざまな効果が見込める。

紙を消費することの環境負荷を無視することはできず、デジタル化により環境負荷を大幅に減らすことができる。また、社内文書に利用される用紙コストは年間 700 万円であるが、デジタル化によって費用は激減する（詳細は 8 項に示す）。さらに文書の保存において紛失、破損、漏洩のリスクを低減できるという効果もある。紙文書は他拠点との共有に FAX を利用するが、デジタル化によってサーバー上での共有が可能になる。

4. デジタル文書と紙文書の特性比較

デジタル文書は紙媒体に比べて情報管理の特性に大きな違いがある。管理の容易性では紙文書は煩雑で、デジタル文書は容易である。またセキュリティーレベルでは紙文書は低く、デジタル文書は高い。このことから、デジタル化により文書の管理レベルも向上するため、デジタル化が好ましいといえる。

5. 文書の最適な管理方法についてのアンケート調査結果

全社員を対象に、文書の最適な管理方法に関するアンケート調査を 2018 年以降行っている。その結果、デジタル化による管理を最適とする意見が 70％を超えた。

6. 実現方法

社内文書のデジタル化は、従来システムに追加プログラムを導入して行う。なお、すべての社内文書は汎用性の高いファイル形式で保存されるため、個々の端末側には特別なシステムの追加は不要である。

7. 導入予定時期

社内文書のデジタル化は、2022 年 4 月から段階的に開始し 2023 年 3 月に完了予定とする。

8. 導入の初期費用および管理・運用費用

導入の初期費用	100 万円
月々の管理・運用費用	2 万円

9. 社内文書のデジタル化のシステムイメージ

添付資料に示す。

10. 問い合わせ先

本提案に関する技術面、運用面の問い合わせ先（担当者）は下記のとおりである。

広報室　芝　智子（内線：11-2222　e-mail：shiba@nissho-solutions.xx.xx）

ファイル「文書の最適な管理方法アンケート」の内容

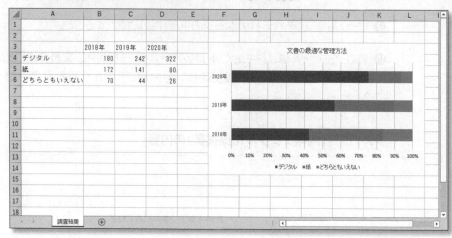

実技科目　ワンポイントアドバイス

1　実技科目の注意事項

日商PC検定試験は、インターネットを介して実施され、受験者情報の入力から試験の実施まで、すべて試験会場のPCを操作して行います。また、実技科目では、日商PC検定試験のプログラム以外に、ワープロソフトのWordを使って解答します。

原則として、試験会場には自分のPCを持ち込むことはできません。慣れない環境で失敗しないために、次のような点に気を付けましょう。

❶PCの環境を確認する

試験会場によって、PCの環境は異なります。

現在、実技科目で使用できるWordのバージョンは2013、2016、2019のいずれかで、試験会場によって異なります。

また、PCの種類も、デスクトップ型やノートブック型など、試験会場によって異なります。ノートブック型のPCの場合には、キーボードにテンキーがないこともあるため、数字の入力に戸惑うかもしれません。試験を開始してから戸惑わないように、事前に試験会場にアプリケーションソフトのバージョンや、PCの種類などを確認してから申し込むようにしましょう。

試験会場で席に着いたら、使用するPCの環境が申し込んだときの環境と同じであるか確認しましょう。

また、試験会場で使用するWordは、普段使っているWordの画面設定と同じとは限りません。画面の解像度によってリボンの表示の仕方が異なったり、水平ルーラーや編集記号が表示されていなかったりするなど、試験会場のPCによって設定が異なります。自分の使いやすい画面に設定しておくとよいでしょう。

ただし、試験前に勝手にPCに触れると不正行為とみなされることもあるため、どうしてもPCに触れる必要がある場合は、試験官の許可をもらうようにしましょう。

❷受験者情報は正確に入力する

試験が開始されると、受験者の氏名や生年月日といった受験者情報の入力画面が表示されます。ここで入力した内容は、試験結果とともに受験者データとして残るので、正確に入力します。

また、氏名と生年月日は本人確認のもととなり、デジタル合格証にも表示されるので入力を間違えないように、十分注意しましょう。試験終了後に間違いに気づいた場合は、試験官にその旨を伝えて訂正してもらうようにしましょう。

これらの入力時間は、試験時間に含まれないので、落ち着いて入力しましょう。

❸使用するアプリケーションソフト以外は起動しない

試験が開始されたら、指定のアプリケーションソフト以外を起動すると、試験プログラムが誤動作したり、正しい採点が行われなくなったりする可能性があります。

また、Microsoft Edge、Internet Explorerなどのブラウザーを起動してインターネットに接続すると、試験の解答につながる情報を検索したと判断されることがあります。

試験中は指定されたアプリケーションソフト以外は起動しないようにしましょう。

2　実技科目の操作のポイント

実技科目の問題は、元になる文書ファイルに対し「指示」に従って修正や変更を加えて、文書を完成させるというものです。その指示を達成するためにどのような機能を使えばよいのか、どのような手順で進めればよいのかといった具体的な作業については、自分で考えながら解答する必要があります。

問題文をよく読んで、具体的にどのような作業をしなければならないのかを素早く判断する力が求められています。

解答を作成するにあたって、次のような点に気を付けましょう。

❶ 問題文の全体像を理解する

試験が開始されたら、まずは問題文を一読します。問題文が表示される画面を全画面表示に切り替えると読みやすいでしょう。解答する前に、どのような文書を作ることが求められているのかという全体像を理解しておくと、解答しやすくなります。

※下の画面はサンプル問題のものです。実際の試験問題とは異なります。

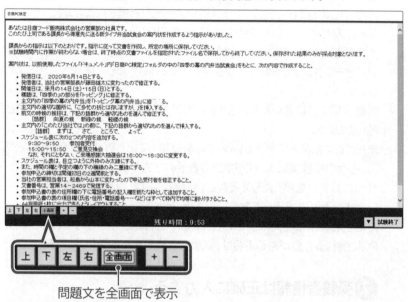

問題文を全画面で表示

❷ 問題文に指示されていないことはしない

問題文に指示されていないのに、余分な空白を入れたり、改行したり、読点を追加したりすると減点の対象になる可能性があります。元の文書の指示されていないところは、勝手に変更しないようにしましょう。目に見える部分だけでなく、目に見えない空白や改行も採点の対象になります。

また、見やすいからといって、指示されていないのに標題のフォントサイズを変えたり、色を付けたりするのもやめましょう。問題文から読み取れる指示以外は、むやみに変更しないほうが無難です。

❸ 元の文書に記載されている項目にならって入力する

日付の表記（西暦や和暦）や時間の表記（12時間制や24時間制）は、元の文書に従って同じ表記で入力します。異なる表記を混在させないようにしましょう。問題文で表記が指定されている場合は、その指示に従います。

また、宛先の氏名などを入力するときに、姓と名の間を1字分空けるかどうかも、元の文書に合わせます。元の文書に氏名がなければ、姓と名の間を1字分空けても空けなくてもどちらでもかまいません。

❹ 半角と全角は混在させない

文書内に英数字などの半角と全角が混在していると、減点される可能性があります。半角と全角は、文書全体で統一するようにします。半角と全角のどちらにそろえるかは、問題文に指示がなければ、元の文書がどちらで入力されているかによって判断します。半角で入力されていれば半角、全角で入力されていれば全角で統一します。元の文書に英数字などがない場合は、どちらかに統一すればよいでしょう。

❺ 字下げにはインデント機能を使う

箇条書きなどの行頭を字下げする問題には、インデント機能を使います。空白を使って字下げしてもかまいませんが、文書に修正が発生すると効率が悪くなることがあります。字下げを行う場合は、なるべくインデント機能を使いましょう。また、問題文にインデント機能を使うように指示されている場合は、必ずその指示に従います。

❻ 図や図形のサイズを大幅に変更しない

元の文書に用意されている図や図形のサイズは、問題文に変更する指示がなければ、大きさは変えないほうがよいでしょう。多少の変更は問題ありませんが、大幅にサイズを変えて、文書全体のレイアウトが変わってしまうと採点に影響する可能性があります。誤ってサイズを変更してしまった場合は、 ↺ （元に戻す）などを利用して、元の状態に戻しておくとよいでしょう。

❼ 図形を一から作成し直さない

図形を編集する指示がある場合、途中の操作を間違えたからといって一から図形を作成し直すのはやめましょう。最初から作り直した図形は、採点されない可能性があります。

図形を編集する操作に不安がある場合は、編集前に指定のフォルダー内に別の名前でファイルを保存し、バックアップをとっておくことをおすすめします。もし、編集を間違えてしまい、図形を元の状態に戻せなくなったら、バックアップファイルを使って作成し直すとよいでしょう。

ただし、試験終了までには別名を付けて保存したバックアップファイルを消去しておきましょう。

⑧ 問題文から裏指示を読み取る

問題文の具体的な指示だけが問題ではありません。たとえば、問題文に「**発信日に2021年10月5日と記入すること**」という指示があった場合、日付を入力するだけでなく、発信日は右揃えにしなければなりません。問題文の指示だけでなく、一般的なビジネス文書の規則に従って作成する必要があります。本書では、合格するために必要なビジネス文書の基礎知識を「**解答のポイント**」にまとめています。ビジネス文書の基礎知識をしっかり身に付けて、解答できるようにしておきましょう。

このように、問題文や解答ファイルから問題文に具体的に明記されていない裏指示を読み取ることが必要です。

⑨ 指定されたページ数に収める場合、文中の空白行は削除しない

問題文に仕上げるページ数に関する指示があれば、指示どおりのページ数で収めるようにします。ページ数が指定よりも多くなってしまった場合は、文末の余分な空白行を削除したりして指定されたページ数に収まるように調整します。ただし、文中の空白行を削除すると、採点に影響が出る可能性があるため、問題文に指示がない限り、文中の空白行は削除しないようにします。

⑩ 見直しをする

時間が余ったら、必ず見直しをするようにしましょう。ひらがなで入力しなければいけないのに、漢字に変換していたり、設問をひとつ解答し忘れていたりするなど、入力ミスや単純ミスで点を落としてしまうことも珍しくありません。確実に点を獲得するために、何度も見直して合格を目指しましょう。

⑪ 指示どおりに保存する

作成したファイルは、問題文で指定された保存場所に、指定されたファイル名で保存します。保存先やファイル名を間違えてしまうと、解答ファイルが無いとみなされ、採点されません。せっかく解答ファイルを作成しても、採点されないと不合格になってしまうので、必ず保存先とファイル名が正しいかを確認するようにしましょう。

ファイル名は、英数字やカタカナの全角や半角、英字の大文字や小文字が区別されるので、間違えないように入力します。また、ファイル名に余分な空白が入っている場合もファイル名が違うと判断されるので注意が必要です。

本試験では、時間内にすべての問題が解き終わらないこともあります。そのため、ファイルは最後に保存するのではなく、指定されたファイル名で最初に保存し、随時上書き保存するとよいでしょう。

Appendix

付録1
日商PC検定試験の概要

日商PC検定試験「文書作成」とは

1　目的

「日商PC検定試験」は、ネット社会における企業人材の育成・能力開発ニーズを踏まえ、企業実務でIT（情報通信技術）を利活用する実践的な知識、スキルの修得に資するとともに、個人、部門、企業のそれぞれのレベルでITを利活用した生産性の向上に寄与することを目的に、「文書作成」、「データ活用」、「プレゼン資料作成」の3分野で構成され、それぞれ独立した試験として実施しています。中でも「文書作成」は、主としてWordを活用し、正しいビジネス文書の作成、取り扱いを問う内容となっています。

2　受験資格

どなたでも受験できます。いずれの分野・級でも学歴・国籍・取得資格等による制限はありません。

3　試験科目・試験時間・合格基準等

級	知識科目	実技科目	合格基準
1級	30分（論述式）	60分	知識、実技の2科目とも70点以上（100点満点）で合格
2級	15分（択一式）	40分	
3級	15分（択一式）	30分	
Basic（基礎級）	－	30分	実技科目70点以上（100点満点）で合格

※Basic（基礎級）に知識科目はありません。

4　試験方法

インターネットを介して試験の実施から採点、合否判定までを行う「ネット試験」で実施します。

※2級、3級およびBasic（基礎級）は試験終了後、即時に採点・合否判定を行います。1級は答案を日本商工会議所に送信し、中央採点で合否を判定します。

5 受験料（税込み）

1級	2級	3級	Basic（基礎級）
10,480円	7,330円	5,240円	4,200円

※上記受験料は、2021年8月現在（消費税10%）のものです。

6 試験会場

商工会議所ネット試験施行機関（各地商工会議所、および各地商工会議所が認定した試験会場）

7 試験日時

●1級	日程が決まり次第、検定試験ホームページ等で公開します。
●2級・3級・Basic（基礎級）	各ネット試験施行機関が決定します。

8 受験申込方法

検定試験ホームページで最寄りのネット試験施行機関を確認のうえ、直接お問い合わせください。

9 その他

試験についての最新情報および詳細は、検定試験ホームページでご確認ください。

検定試験ホームページ	https://www.kentei.ne.jp/

「文書作成」の内容と範囲

1　1級

必要な情報を入手し、業務の目的に応じた最も適切で説得力のあるビジネス文書、資料等を作成することができる。

科目	内容と範囲
知識科目	○2、3級の試験範囲を修得したうえで、第三者に正確かつわかりやすく説明することができる。 ○文書の全ライフサイクル（作成、伝達、保管、保存、廃棄）を考慮し、社内における文書管理方法を提案できる。 ○文書の効率的な作成、標準化、データベース化に関する知識を身に付けている。 ○ライティング技術に関する実践的かつ応用的な知識（文書の目的・用途に応じた最適な文章表現、文書構造）を身に付けている。 ○表現技術（レイアウト、デザイン、表・グラフ、フローチャート、図解、写真の利用、カラー化等）について実践的かつ応用的な知識を身に付けている。 <div align="right">等</div><hr>（共通） ○企業実務で必要とされるハードウェア、ソフトウェア、ネットワークに関し、第三者に正確かつわかりやすく説明することができる。 ○ネット社会に対応したデジタル仕事術を理解し、自社の業務に導入・活用できる。 ○インターネットを活用した新たな業務の進め方、情報収集・発信の仕組みを提示できる。 ○複数のプログラム間での電子データの相互運用が実現できる。 ○情報セキュリティーやコンプライアンスに関し、社内で指導的立場となれる。 <div align="right">等</div>
実技科目	○企業実務で必要とされる文書作成ソフト、表計算ソフト、プレゼンテーションソフトの機能、操作法を修得している。 ○当該業務の遂行にあたり、ライティング技術を駆使し、最も適切な文書、資料等を作成することができる。 ○与えられた情報を整理・分析し、状況に応じ企業を代表して（対外的な）ビジネス文書を作成できる。 ○表現技術を駆使し、説得力のある業務報告、レポート、プレゼンテーション資料等を作成できる。 ○当該業務に係る情報をウェブサイトから収集し活用することができる。 <div align="right">等</div>

与えられた情報を整理・分析し、参考となる文書を選択・利用して、状況に応じた適切な
ビジネス文書、資料等を作成することができる。

科目	内容と範囲
知識科目	○ビジネス文書（社内文書、社外文書）の種類と雛形についてよく理解している。 ○文書管理（ファイリング、共有化、再利用）について理解し、業務に合わせて体系化できる知識を身に付けている。 ○ビジネス文書を作成するうえで必要とされる日本語力（文法、表現法、敬語、用字・用語、慣用句）を身に付けている。 ○企業実務で必要とされるライティング技術に関する知識（わかりやすく簡潔な文章表現、文書構成）を身に付けている。 ○表現技術（レイアウト、デザイン、表・グラフ、フローチャート、図解、写真の利用、カラー化等）についての基本的な知識を身に付けている。 <div align="right">等</div>
	（共通） ○企業実務で必要とされるハードウェア、ソフトウェア、ネットワークに関する実践的な知識を身に付けている。 ○業務における電子データの適切な取り扱い、活用について理解している。 ○ソフトウェアによる業務データの連携について理解している。 ○複数のソフトウェア間での共通操作を理解している。 ○ネットワークを活用した効果的な業務の進め方、情報収集・発信について理解している。 ○電子メールの活用、ホームページの運用に関する実践的な知識を身に付けている。 <div align="right">等</div>
実技科目	○企業実務で必要とされる文書作成ソフト、表計算ソフトの機能、操作法を身に付けている。 ○業務の目的に応じ簡潔でわかりやすいビジネス文書を作成できる。 ○与えられた情報を整理・分析し、状況に応じた適切なビジネス文書を作成できる。 ○取引先、顧客などビジネスの相手と文書で円滑なコミュニケーションが図れる。 ○ポイントが整理され読み手が内容を把握しやすい報告書・議事録等を作成できる。 ○業務目的の遂行のため、見やすく、わかりやすい提案書、プレゼンテーション資料を作成できる。 ○社内の文書データベースから業務の目的に適合すると思われる文書を検索し、これを利用して新たなビジネス文書を作成できる。 ○文書ファイルを目的に応じ分類、保存し、業務で使いやすいファイル体系を構築できる。 <div align="right">等</div>

※本書で学習できる範囲は、表の網かけ部分となります。

指示に従い、ビジネス文書の雛形や既存文書を用いて、正確かつ迅速にビジネス文書を作成することができる。

科目	内容と範囲
知識科目	○基本的なビジネス文書（社内・社外文書）の種類と雛形について理解している。 ○文書管理（ファイリング、共有化、再利用）について理解している。 ○ビジネス文書を作成するうえで基本となる日本語力（文法、表現法、用字・用語、敬語、漢字、慣用句等）を身に付けている。 ○ライティング技術に関する基本的な知識（文章表現、文書構成の基本）を身に付けている。 ○ビジネス文書に関連する基本的な知識（ビジネスマナー、文書の送受等）を身に付けている。 <div align="right">等</div> （共通） ○ハードウェア、ソフトウェア、ネットワークに関する基本的な知識を身に付けている。 ○ネット社会における企業実務、ビジネススタイルについて理解している。 ○電子データ、電子コミュニケーションの特徴と留意点を理解している。 ○デジタル情報、電子化資料の整理・管理について理解している。 ○電子メール、ホームページの特徴と仕組みについて理解している。 ○情報セキュリティー、コンプライアンスに関する基本的な知識を身に付けている。 <div align="right">等</div>
実技科目	○企業実務で必要とされる文書作成ソフトの機能、操作法を一通り身に付けている。 ○指示に従い、正確かつ迅速にビジネス文書を作成できる。 ○ビジネス文書（社内・社外向け）の雛形を理解し、これを用いて定型的なビジネス文書を作成できる。 ○社内の文書データベースから指示に適合する文書を検索し、これを利用して新たなビジネス文書を作成できる。 ○作成した文書に適切なファイル名を付け保存するとともに、日常業務で活用しやすく整理分類しておくことができる。 <div align="right">等</div>

4 Basic（基礎級）

ワープロソフトの基本的な操作スキルを有し、企業実務に対応することができる。

科目	内容と範囲
実技科目	○企業実務で必要とされる文書作成ソフトの機能、操作法の基本を身に付けている。 ○指示に従い、正確にビジネス文書の文字入力、編集ができる。 ○ビジネス文書（社内・社外向け）の種類と作成上の留意点を承知している。 ○ビジネス文書の特徴を承知している。 ○指示に従い、作成した文書ファイルにファイル名を付け保存することができる。 等
使用する機能の範囲	○文字列の編集〔移動、複写、挿入、削除等〕 ○文書の書式・体裁を整える〔センタリング、右寄せ、インデント、タブ、小数点揃え、部分的な縦書き、均等割付け等〕 ○文字修飾・文字強調〔文字サイズ、書体（フォント）、網かけ、アンダーライン等〕 ○罫線処理 ○表の作成・編集〔表内の行・列・セルの編集と表内文字列の書式体裁等〕 等

試験開始ボタンをクリックすると、試験センターから試験問題がダウンロードされ、試験開始となります。（試験問題は受験者ごとに違います。）

試験は、知識科目、実技科目の順に解答します。

知識科目では、上部の問題を読んで下部の選択肢のうち正解と思われるものを選びます。解答に自信がない問題があったときは、「見直しチェック」欄をクリックすると「解答状況」の当該問題番号に色が付くので、あとで時間があれば見直すことができます。

【参考】知識科目

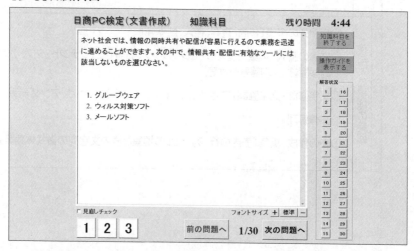

知識科目を終了すると、実技科目に移ります。試験問題で指定されたファイルを呼び出して（アプリケーションソフトを起動）、答案を作成します。

【参考】実技科目

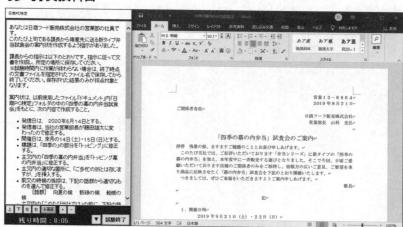

作成した答案を試験問題で指定されたファイル名で保存します。

答案（知識、実技両科目）はシステムにより自動採点され、得点と合否結果（両科目とも70点以上で合格）が表示されます。

※【参考】の問題はすべてサンプル問題のものです。実際の試験問題とは異なります。

Appendix

付録2
1級
サンプル問題

解答 ▶ 別冊P.36

答案は、(マイ)ドキュメントの指定のフォルダーにある答案用紙「答.docx」に作成し、上書き保存すること(答案用紙以外に保存した答案は採点対象外となる)。

知識科目の2題については答案用紙の1枚目に、実技科目は2枚目から作成しなさい。

なお、答案用紙の1枚目に氏名、生年月日を入力すること。

試験時間は知識科目、実技科目あわせて90分(科目ごとの時間の区切りはないが、知識科目は30分、実技科目は60分を目安に、時間配分には十分気を付けること)。

> 解答を終了して答案を送信する際には、答案用紙など使用したファイルおよびフォルダーは、必ずすべて閉じてから「答案送信」を押してください。ファイルおよびフォルダーを閉じずに「答案送信」を押すと答案が正常に送信されず、採点できない場合があります。

※指定のフォルダーは、ダウンロード後に解凍したフォルダーになります。

知識科目

問題1

次の2つの設問から1つを選んで解答しなさい。答案は、答案用紙の1枚目に作成すること。なお、どちらの設問に解答するかを示すため、問題番号のとなりの( )欄にAまたはBを入力すること。

A 仕事の生産性を上げるにはデジタル情報の整理が不可欠であり、ファイルやフォルダーの名付け方が重要なポイントと言える。ファイル名とフォルダー名の付け方について、200～300字程度で説明しなさい。

B 企業ではテレワークの導入が進んできており、その際にクラウドサービスを利用することが多くなっている。クラウドサービスのメリットを「一元管理」という言葉も使用して、200～300字程度で説明しなさい。

問題2

次の2つの設問から1つを選んで解答しなさい。答案は、答案用紙の1枚目に作成すること。なお、どちらの設問に解答するかを示すため、問題番号のとなりの( )欄にAまたはBを入力すること。

A 文書を作成するとき、なぜ読み手と目的を明確にする必要があるのかについて、250～350字で説明しなさい。

B 文書を作成するときに留意すべき点として5W2Hがあるが、この5W2Hは何を意味しているのかについて、200～300字で説明しなさい。

問題3

あなたは株式会社日商製菓の営業部の部員で、営業推進部会メンバーに宛てた提案書を作成しています。提案書は途中まで出来上がっていますが、まだいくつか追加・修正すべき箇所が残っています。

（マイ）ドキュメントの「付録2」フォルダーにある「提案書ドラフト.docx」を「答案.docx」の2ページ目に読み込んだうえ（左上の「問題3」という語句は削除）、以下の指示に従って提案書を完成させてください。読み込んだファイルのページ設定は、変更しないでください。

※試験時間内に作業が終わらない場合であっても、当該作業途中のファイルを、指定された方法で保存してから終了してください。保存された結果のみが採点対象になります。

●次の指示に従って、ページレイアウトを完成させること。

　(a)「従来広告との違い」までを1ページ目にまとめること。

　(b) 全体を2ページにまとめること。

　(c) ページ番号を下部中央に挿入すること。

●日付、発信者名、宛先、文書番号を適切な順序・位置になるように配置すること。

●25字以内の標題を考え、適切な位置に配置すること。

●6項目の見出しに段落番号を表示し、太字にすること。

●見出し「インターネット動画広告提案の背景」の文章を、2つの段落に分割すること。

●見出し「従来広告との違い」にある項目「・動くことの「インパクト」」に続けて、次の指示に従って小見出しおよび文章を追加すること。

　(a)（マイ）ドキュメント内の「付録2」フォルダーにある「従来広告との違い（追加メモ）.txt」を開き、2つの段落をそれぞれ要約すること。

　(b) それぞれの要約文は、90〜130字とすること。

　(c) それぞれの要約文の冒頭に主題となる文を記述すること。

　(d) それぞれの要約文には小見出しを付けること。小見出しには箇条書き記号を付けること。ただし、小見出しの文字数は、先に挙げた文字数制限からは除外する。

　(e)「従来広告との違い（追加メモ）.txt」から転記する文章に誤字や表記の不統一がある場合は修正すること。

●見出し「インターネット動画広告の種類」の中の「インストリーム型は、〜に有効である。」までを、コロンが付いた箇条書きにして、全体を整理すること。

（a）箇条書きの冒頭には箇条書き記号として「・」を付けること。

（b）それぞれの箇条書きの内容を示す文章は2文で構成すること。

●見出し「インターネット動画広告への取り組み」の箇条書き部分を、最もふさわしいと思われる図解で表現すること。

●見出し「予算措置」の箇条書きの部分を表にして、全体を整理すること。また、注釈は表の右端にそろえること。

●2ページ目はスタイル設定がなされていないが、1ページ目にならってスタイルを設定して書式を整えること。

Index

索引

第1章
第2章
第3章
第4章
第5章
第6章
第7章
第8章
模擬試験
付録1
付録2
索引
資料

索引

カラーサンプル

■図3.3

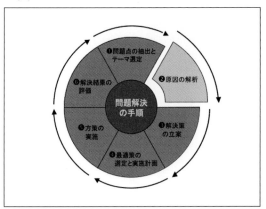

■図3.4

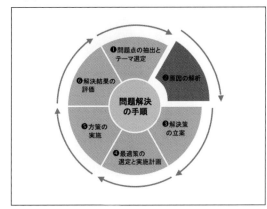

■図3.5

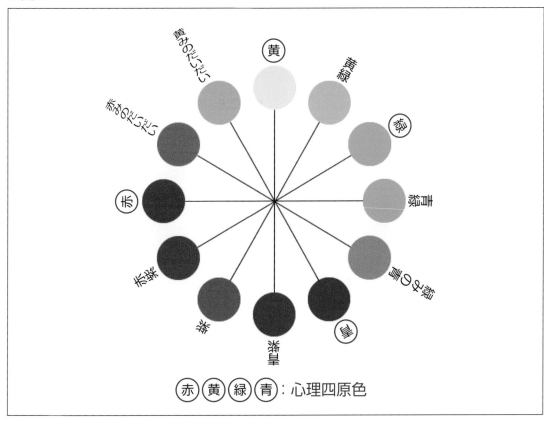

㊔㊦㊩青：心理四原色

■図3.6

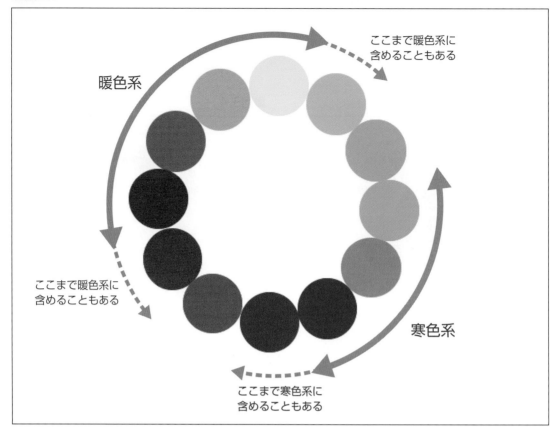

暖色系

ここまで暖色系に
含めることもある

ここまで暖色系に
含めることもある

寒色系

ここまで寒色系に
含めることもある

■図3.7

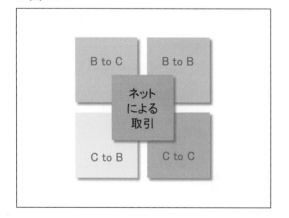

■図3.8

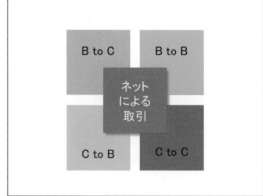

■図3.9

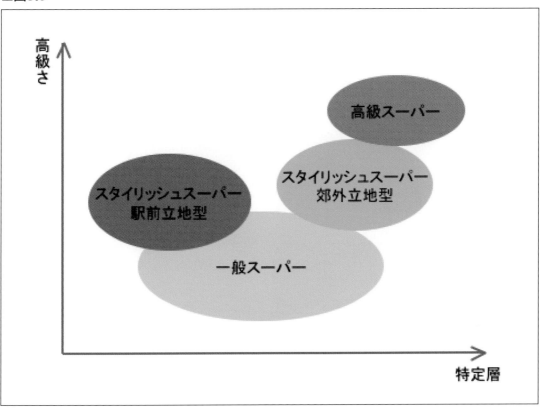

■図3.10

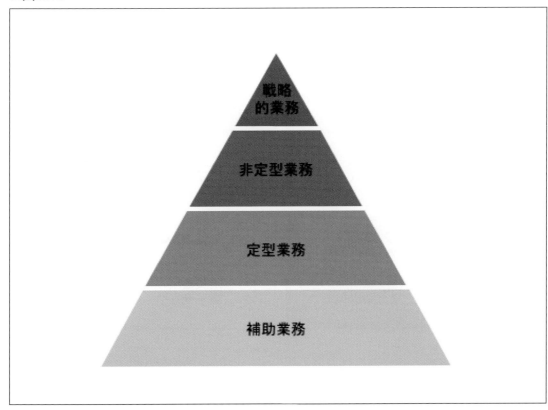

第1章
第2章
第3章
第4章
第5章
第6章
第7章
第8章
模擬試験
付録1
付録2
索引
資料

■図3.11

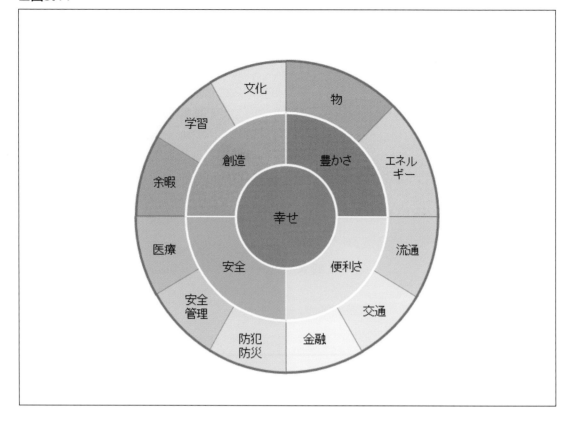

■図3.12

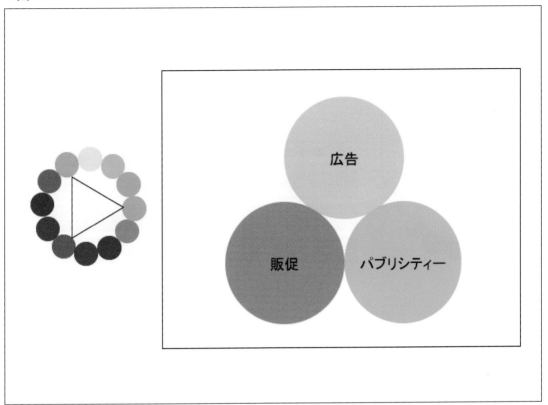

■図3.13

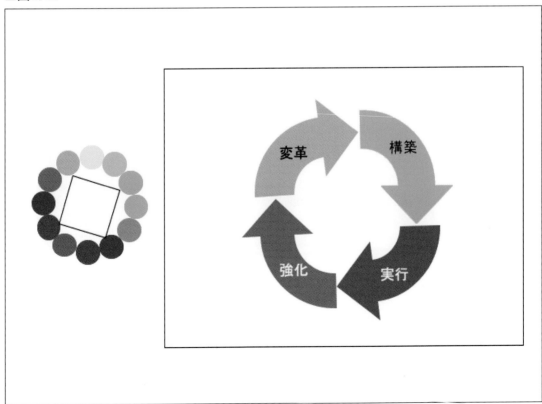

第1章

第2章

第3章

第4章

第5章

第6章

第7章

第8章

模擬試験

付録1

付録2

索引

資料

■図3.14

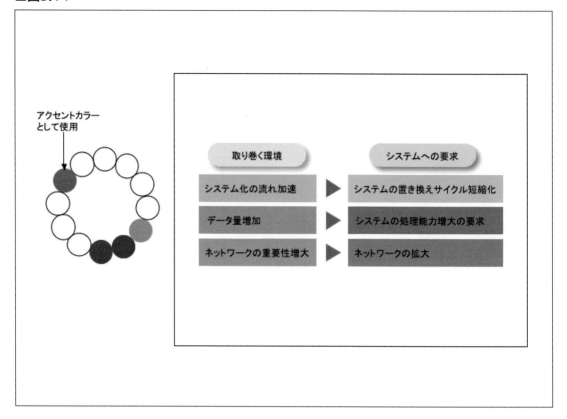

■図3.15

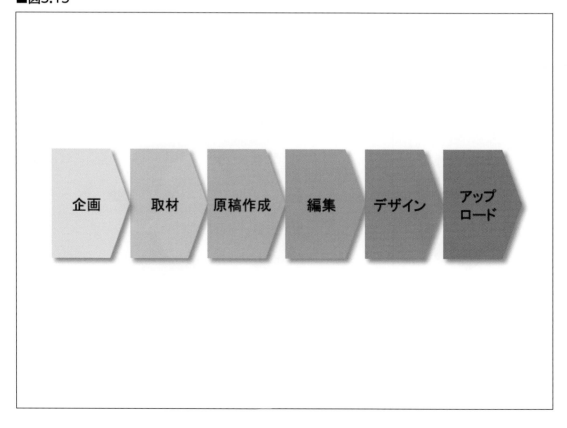

■図3.16

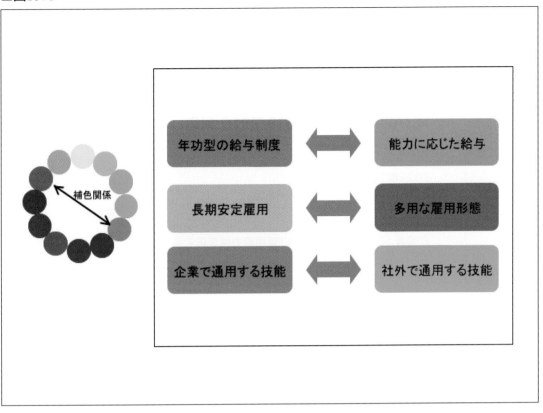

■図3.17

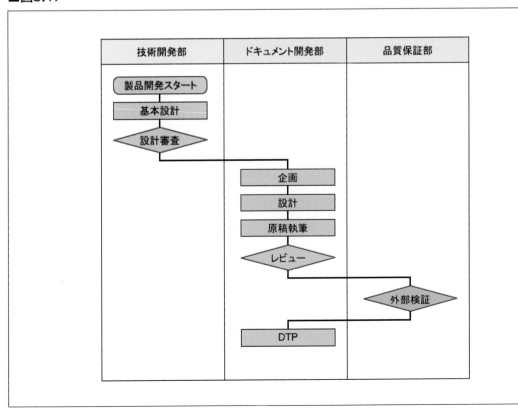

よくわかるマスター

日商PC検定試験 文書作成 2級
公式テキスト&問題集
Microsoft® Word 2019/2016 対応
（FPT2102）

2021年10月 4 日　初版発行
2023年11月15日　初版第 4 刷発行

©編者：日本商工会議所　IT活用能力検定研究会

発行者：青山　昌裕

発行所：FOM出版 (株式会社富士通ラーニングメディア)
エフオーエム
　　　　〒212-0014 神奈川県川崎市幸区大宮町 1 番地 5　JR川崎タワー
　　　　https://www.fom.fujitsu.com/goods/

印刷／製本：アベイズム株式会社

表紙デザインシステム：株式会社アイロン・ママ

緑色の用紙の内側に、別冊「解答と解説」が添付されて
います。

別冊は必要に応じて取りはずせます。取りはずす場合は、
この用紙を1枚めくっていただき、別冊の根元を持って、
ゆっくりと引き抜いてください。

日本商工会議所

日商PC検定試験 文書作成2級 公式テキスト&問題集

Microsoft® Word 2019/2016対応

解答と解説

第1章　ビジネス文書

知識科目

■問題1

解答 **3** 文書を読みやすくするためには、レイアウトを整えることも大事である。

解説 情報を簡潔に伝えるという面で、文章の量を増やさない工夫も必要です。図解は、文書をわかりやすくするのに有効です。また、文書はまず読んでもらうことが大事であり、そのためには見た目が読みやすく整っていることも重要です。

■問題2

解答 **1** 照会状は、不明点や疑問点を問い合わせたいときに書く文書であり、社外文書に分類される。

解説 依頼書は、社外の人に何かをお願いするときに発行する社外文書です。また、通知状は、会議通知状のように何かの開催を知らせるときに作成する文書です。「記書き」を使い、いつ、どこで、何をといった内容を簡潔に伝えます。社外文書としての通知状は、発信者の事情や状況、決定事項を社外の顧客や取引先などの関係者に知らせるときに使われます。

■問題3

解答 **3** 議事録は記録者の主観が入らないように中立の立場で書く。

解説 会議ではすべてが決定するわけではありません。議事録には未決や保留事項についても記載します。また、議事録には主観を排除した客観的な記述が求められます。

■問題4

解答 **3** 提案書の一種で、決定権者に決裁を求めるための文書である。

解説 取引先から問い合わせが寄せられたときに、関係部署に確認する文書は、確認書です。組織の評価を受けるために上長に提出するのは、活動報告書などのタイトルを付けた、報告書の一種です。

■問題5

解答 **1** 「食べる」の謙譲語は「召しあがる」、尊敬語は「いただく」である。

解説 「食べる」の謙譲語は「いただく」、尊敬語は「召しあがる」です。

第2章　ビジネス文書のライティング技術

知識科目

■問題1

解答 **2** A社の昨年度の連結売上高は前年度比11%増の1200億円、純利益は同16%増の150億円で過去最高益を更新しあらためて収益力を認識させた。しかし、株主総会では株主からの厳しい質問が多く寄せられた。

解説 「〜認識させたが、〜」の「が」は、逆説の意味を持つので、接続詞は「しかし」を使うのが適切です。

■問題2

解答 **2** おぜん立てをそろえる

解説 「おぜん立てをする」が正しい表現です。

■問題3

解答 **3** 2021年6月度営業部月報

解説 どの部署がいつ発行した月報なのかが一目でわかるような件名を付けるのが最も適切です。

■問題4

解答 **1** テレビ番組の天気予報で、「今日は秋晴れのさわやかな1日になるでしょう」と言っていた。

解説 「2」も「3」も主観であり、事実であるかどうかはわかりません。

第3章　ビジュアル表現

知識科目

■問題1

解答 **3** 用紙のサイズはJISで規定されている。

解説 A4判よりB4判のほうが大きく、またA4判はA3判の面積の1/2です。

■問題2

解答 **1** 明朝体

解説 明朝体は「うろこ」があることが特徴です。ゴシック体は文字を構成する線の太さが同じ、楷書体は筆で描いたような書体といった特徴があります。

■問題3

解答 **1** 赤－青緑

解説 「黄」の補色は「青紫」、「紫」の補色は「黄緑」になります。

■問題4

解答 **2** 暖色は「赤」や「黄」であり、寒色は「青」や「青緑」である。

解説 「黄緑」は暖色になり、「紫」は暖色ではありません。

■問題5

解答 **2** 「明度」とは、色の明るさの度合いのことである。

解説 「1」は彩度の説明であり、「3」は色相の説明です。

第4章　図解技術

知識科目

■問題1

解答 **2** 放射型の図解

解説 循環型の図解はエンドレスな循環を表現するときに使い、収束型の図解は中心にある要素が複数の要素から影響を受ける場合に使います。

■問題2

解答 **1** 課題に対して、トップダウン型で問題解決を進めるツールとして使われる。

解説 ボトムアップ型の場合は、ロジックツリーは使いません。

■問題3

解答 **2** 対立

解説 相互作用を表現するときは双方向矢印を使い、拒絶のときはさえぎる壁のようなものを加えて示します。

■問題4

解答 **1** Aが適切

解説 「B」は一方向に流れるフローチャートであり、「C」は形が整っていないため循環という印象が弱まっています。

■問題5

解答 **3** AからBへはアクセスできるが、BからAへはアクセスできない。

解説 「○」と「×」は、「良い」「悪い」、「可」「不可」など、反対の意味を表します。

知識科目

■ 問題1

解答　**2** 時系列による分類

解説　定期的に発行される文書の場合、まず時系列で分類してから、必要に応じて固有名詞やテーマ名で分類したほうがわかりやすくなります。

■ 問題2

解答　**2** aaa_bbb_ccc

解説　「/」をフォルダー名に使うことはできません。「+」よりも「_」のほうが、視覚的にはより強く分離されるのでわかりやすくなります。

■ 問題3

解答　**1** 民間企業において、一定の条件を満たしたすべての文書（一部の例外を除く）の電子保存を認める法律。

解説　「2」は「電子帳簿保存法」であり、「3」は「行政機関の保有する情報の公開に関する法律（情報公開法）」です。

■ 問題4

解答　**3** 行政機関の保有する情報の公開に関する法律（情報公開法）

解説　「3」は、行政機関が作成・取得し、保有している一定条件下の文書の公開について定めた法律であり、文書管理に影響を及ぼします。「1」は著作物の権利に関する法律であり、「2」は市場における不正競争の防止を目的として設けられた法律で、いずれも文書管理に直接の関係はありません。

■ 問題5

解答　**1** 文書の種類によっては、保存の法定年限が定められている。

解説　民間企業における紙の文書および電子データは、文書の種類によってはさまざまな法律によって保存の法定年限が定められています。あらゆるものを1年以上保存するという定めはなく、法定年限と無関係に保存年限を決めることもできません。

実技科目

完成例

確認問題

第1回

第2回

第3回

採点シート

付録2

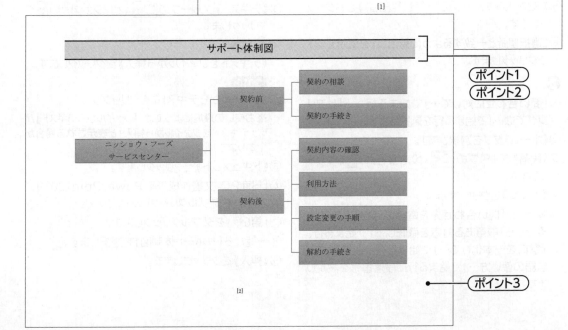

令和3年10月1日

部長各位

サポートサービス部長

新サポート体制展開のお知らせ

　当社製品のサポート体制に関して、以下のように強化し、新しい体制で展開していくことになりました。ご協力のほど、よろしくお願いします。

1. **現状の問題点**
① 問い合わせに対して、広範な問い合わせに対応するため、満足がいく回答をお伝えできていない場合がある。
② ヒアリングでは「内容がわかりにくい」との声が聞かれる。

2. **新サポート体制のコンセプト**
顧客視点で、「わかりやすい」「親切」「丁寧」なサポートを提供する。

3. **新サポート体制の方針**
① 問い合わせ先を電話のほか、メール対応も行い、サポート強化を図る。
② 専門分野を決めて対応することにより、問い合わせから問題解決までの時間を短縮する。
③ 誠意ある対応を徹底し、顧客満足度の向上を図る。

4. **具体的な施策**
① 窓口を一本化して「ニッショウ・フーズ サービスセンター」を設置し、「購入前」と「購入後」の2つに分ける。
② 分野ごとに専門の窓口担当者を配置する。
③ 話し方、敬語の使い方、メールでの回答の書き方などの教育を、集合、オンラインともに用意し、月1回以上の受講を義務づける。

5. **ニッショウ・フーズ サービスセンターの基本体制**
● 名　　称：ニッショウ・フーズ サービスセンター
● メールアドレス：support@nisshofoodsxx.xx.xx
● 電話番号：0120-11-XXXX
● 受付時間：午前8時～午後10時（年末年始を除く）

6. **添付書類**
● サポート体制図

以上

[1]

ポイント1
ポイント2

ポイント3

[2]

📖 解答のポイント

ポイント1

網かけの色や濃度の指定がない場合には、文字が見えにくくならないように薄めの色を選択します。

ポイント2

問題文にインデントの文字数の指示がある場合には、《レイアウト》タブ→《段落》グループの《左インデント》/《右インデント》または《段落》ダイアログボックスで正確な数値を指定しましょう。

ポイント3

用紙の向きを変更すると、余白の設定も位置に合わせて変わります。用紙の向きと余白を変更するときは、必ず用紙の向きを先に設定します。

🖱 操作手順

❶

①「現状の問題点」の行にカーソルを移動します。

②《ホーム》タブを選択します。

③《スタイル》グループの [あア亜 見出し1] (見出し1)をクリックします。

④同様に、「新サポート体制のコンセプト」「新サポート体制の方針」「具体的な施策」「ニッショウ・フーズ サービスセンターの基本体制」に見出し1を設定します。

❷

①「現状の問題点」の行にカーソルを移動します。

②《ホーム》タブを選択します。

③《段落》グループの [≡▾] (段落番号)の▾をクリックします。

④《1.2.3.》をクリックします。

⑤《スタイル》グループの [あア亜 見出し1] (見出し1)を右クリックします。

⑥《選択個所と一致するように見出し1を更新する》をクリックします。

❸

①「問い合わせに対して…」で始まる行から「ヒアリングでは…」で始まる行を選択します。

②《ホーム》タブを選択します。

③《段落》グループの [≡▾] (段落番号)の▾をクリックします。

④《①②③》をクリックします。

⑤同様に、「問い合わせ先を電話のほか…」で始まる行から「誠意ある対応を徹底し…」で始まる行、「窓口を一本化して…」で始まる行から「話し方、敬語の使い方…」で始まる行に段落番号を設定します。

❹

①「名　　称：ニッショウ・フーズ　サービスセンター」の行から「電話番号：0120-11-XXXX」の行を選択します。

②《ホーム》タブを選択します。

③《段落》グループの [≡▾] (箇条書き)の▾をクリックします。

④《●》をクリックします。

⑤「電話番号：0120-11-XXXX」の後ろにカーソルを移動します。

⑥ [Enter] を押します。

⑦「受付時間：午前8時～午後10時（年末年始を除く）」と入力します。

❺

①「以上」の上の行にカーソルを移動します。

② [Enter] を押します。

③「添付書類」と入力します。

④ [Enter] を押します。

⑤「サポート体制図」と入力します。

⑥「添付書類」の行にカーソルを移動します。

⑦《ホーム》タブを選択します。

⑧《スタイル》グループの [1 あア亜 見出し2] (見出し1)をクリックします。

⑨「サポート体制図」の行にカーソルを移動します。

⑩《段落》グループの [≡▾] (箇条書き)の▾をクリックします。

⑪《●》をクリックします。

❻

①文末にカーソルを移動します。

②《挿入》タブを選択します。

③《テキスト》グループの [□▾] (オブジェクト)の▾をクリックします。

④ **2019**

《テキストをファイルから挿入》をクリックします。

2016

《ファイルからテキスト》をクリックします。

※お使いの環境によっては、「ファイルからテキスト」が「テキストをファイルから挿入」と表示される場合があります。

⑤《ドキュメント》をクリックします。

⑥「日商PC 文書作成2級 PowerPoint2019／2016」をダブルクリックします。

⑦「第6章」をダブルクリックします。

⑧一覧から「サポート体制図」を選択します。

⑨《挿入》をクリックします。

❼

①挿入したWordファイルの標題「サポート体制図」の行頭にカーソルを移動します。

②《レイアウト》タブを選択します。

③《ページ設定》グループの[区切り▼] (ページ/セクション区切りの挿入)をクリックします。

④《セクション区切り》の《次のページから開始》をクリックします。

⑤2ページ目にカーソルがあることを確認します。

⑥《ページ設定》グループの[🔲] (ページ設定)をクリックします。

⑦《余白》タブを選択します。

⑧《印刷の向き》の《横》をクリックします。

⑨《余白》の《上》《下》を「15mm」に設定します。

⑩《OK》をクリックします。

❽

①「サポート体制図」の行を選択します。

②《ホーム》タブを選択します。

③《フォント》グループの[MS 明朝 ▼] (フォント)の[▼]をクリックし、一覧から《MSPゴシック》を選択します。

④《フォント》グループの[16 ▼] (フォントサイズ)の[▼]をクリックし、一覧から《20》を選択します。

⑤《段落》グループの[▦ ▼] (罫線)の[▼]をクリックします。

⑥《線種とページ罫線と網かけの設定》をクリックします。

⑦《罫線》タブを選択します。

⑧右側の《設定対象》が《段落》になっていることを確認します。

⑨左側の《種類》から《指定》をクリックします。

⑩中央の種類が実線になっていることを確認します。

⑪中央の《線の太さ》の[▼]をクリックし、一覧から《2.25pt》を選択します。

⑫《プレビュー》の[▦]をクリックします。

⑬《プレビュー》の[▦]をクリックします。

⑭《網かけ》タブを選択します。

⑮《背景の色》の[∨]をクリックします。

⑯任意の色をクリックします。

※本書では、《白、背景1、黒+基本色15%》を設定しています。

⑰《OK》をクリックします。

❾

①「サポート体制図」の行にカーソルを移動します。

②《レイアウト》タブを選択します。

③《段落》グループの[0字 ▼] (左インデント)を「2字」に設定します。

④《段落》グループの[0字 ▼] (右インデント)を「2字」に設定します。

❿

①《挿入》タブを選択します。

②《ヘッダーとフッター》グループの[🔢 ページ番号▼] (ページ番号の追加)をクリックします。

③《ページの下部》をポイントします。

④《番号のみ》の《かっこ1》をクリックします。

⑤《ヘッダー/フッターツール》の《デザイン》タブを選択します。

⑥《閉じる》グループの[✕ ヘッダーとフッターを閉じる] (ヘッダーとフッターを閉じる)をクリックします。

⓫

①《ファイル》タブを選択します。

②《名前を付けて保存》をクリックします。

③《参照》をクリックします。

④ファイルを保存する場所を選択します。

※《PC》→《ドキュメント》→「日商PC 文書作成2級 Word2019／2016」→「第6章」を選択します。

⑤《ファイル名》に「新サポート体制の展開について」と入力します。

⑥《保存》をクリックします。

確認問題

第1回

第2回

第3回

採点シート

付録2

実技科目

完成例

企 21-03

2021 年 9 月 1 日

営業推進部長　大門様

企画部長　芝　浩二

レストラン新店舗オープンの企画

企画部新規事業グループでは、新店舗（国分寺店）のオープンに関して以下の企画案をまとめましたので提案いたします。

1.　企画の目的
外食産業の競争は年々激化しており、既存の店舗の売り上げが伸び悩んでいる。そこで、新しいコンセプトを持った店舗を新たにオープンし、新規顧客の獲得を図るとともに売り上げを倍増して他社との競合に打ち勝つ。

2.　新規事業コンセプト
新規事業の基本コンセプトは「立地」「信頼感」「サービス」とする。
大型スーパーと隣接した立地を確保し、ファミリーが入りやすい空間を作り、心地よいサービスを提供する。また、無農薬野菜を使用したメニューやカロリーをおさえたヘルシーメニューを用意して健康志向に対応する。

ポイント3

立地

新規顧客
の獲得

信頼感　サービス

ポイント1

ポイント2

確認問題

第1回

第2回

第3回

採点シート

付録2

3. 具体的施策
① 大型スーパーとの併設
・買い物帰りの立ち寄り客を増やすため、正面の入口以外にスーパーから直接入れる入口を作る。
・店内の雰囲気が見えるように、スーパー側の一部をガラス張りにする。

② 席
・ファミリー専用席を用意し、子供用の椅子を用意する。
・1人でも入りやすいよう、カウンター席を設ける。
・全席禁煙とする。
・空調を強化し、店全体の換気を良くする。

③ 健康志向のメニュー
・無農薬、有機栽培の野菜を使用したメニューを用意する。
・ヘルシーメニューを用意し、メニューにカロリーや塩分などを記載する。
・農家と直接契約を結び、より新鮮で低価格な仕入れルートを確保する。
・500円のランチメニューを「ワンコインランチ」として提供する。

4. 売上計画
売上計画は、別紙参照。

5. スケジュール
オープンまでのスケジュールは次のとおり。

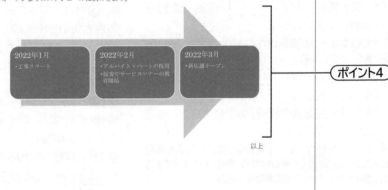

以上

 解答のポイント

ポイント1

図形の配置や図形と図形のあいだの間隔について特に指示はありませんが、配置は等間隔にそろえるとよいでしょう。
また、指定された図形の大きさに変更すると、「サービス」の図形は文字が折り返されてしまいますが、問題に提示された図形は折り返されていません。そのため、余白を調整して1行で表示されるように調整します。

ポイント2

矢印の配置についても特に指示はありませんが、配置を等間隔にそろえるとよいでしょう。
また、「立地」と「信頼感」、「立地」と「サービス」のあいだの左右矢印は一から作成せず、コピーして図形を回転させると効率よく作成できます。

ポイント3

穴埋め問題は、図をよく見れば判断できます。

ポイント4

SmartArtグラフィックのサイズについて指示はありませんが、全体のバランスを見て、サイズを調整しましょう。

操作手順

❶

①「…を用意して健康志向に対応する。」の下の行を表示します。
②《挿入》タブを選択します。
③《図》グループの [図形▾] (図形の作成)をクリックします。

8

④《基本図形》の ◯ (楕円)をクリックします。

⑤ Shift を押しながら、円の始点から終点へドラッグします。

⑥ Ctrl と Shift を同時に押しながら、下方向にドラッグします。

⑦ Ctrl を押しながら、左下方向にドラッグします。

⑧ Ctrl と Shift を同時に押しながら、右方向にドラッグします。

⑨一番上の図形をクリックし、「立地」と入力します。

⑩同様に、中心の図形に「新規顧客の獲得」、左下の図形に「信頼感」、右下の図形に「サービス」と入力します。

⑪「立地」の図形を選択します。

⑫ Shift を押しながら、「信頼感」「サービス」の図形を選択します。

⑬《書式》タブを選択します。

⑭《サイズ》グループの 28.49 mm ↕ (図形の高さ)を「26mm」に設定します。

※《サイズ》グループが表示されていない場合は、 ▯ (サイズ)をクリックします。

⑮《サイズ》グループの 28.49 mm ↕ (図形の幅)を「26mm」に設定します。

⑯同様に、「新規顧客の獲得」の図形の高さと幅を「32mm」に設定します。

※図形と図形が重なっている場合は、図形の位置を調整しましょう。 Shift を押しながら、図形をドラッグすると、水平または垂直方向に移動できます。

⑰「サービス」の図形を右クリックします。

⑱《図形の書式設定》をクリックします。

⑲ ▤ (レイアウトとプロパティ)をクリックします。

⑳《テキストボックス》の詳細が表示されていることを確認します。

※テキストボックスの詳細が表示されていない場合は、《テキストボックス》をクリックします。

㉑《左余白》《右余白》《上余白》《下余白》を「0mm」に設定します。

㉒《図形の書式設定》作業ウィンドウの × (閉じる)をクリックします。

㉓「立地」の図形を選択します。

㉔ Shift を押しながら、「信頼感」「サービス」の図形を選択します。

㉕《配置》グループの ⬚ 配置▾ (オブジェクトの配置)をクリックします。

㉖《左右に整列》をクリックします。

㉗「新規顧客の獲得」の図形を選択します。

㉘ Shift を押しながら、「信頼感」「サービス」の図形を選択します。

㉙《配置》グループの ⬚ 配置▾ (オブジェクトの配置)をクリックします。

㉚《左右に整列》をクリックします。

❷

①《挿入》タブを選択します。

②《図》グループの ⬚ 図形▾ (図形の作成)をクリックします。

③ **2019**
《ブロック矢印》の ⬌ (矢印:左右)をクリックします。
2016
《ブロック矢印》の ⬌ (左右矢印)をクリックします。
※お使いの環境によっては、「左右矢印」が「矢印:左右」と表示される場合があります。

④左右矢印の始点から終点へドラッグし、「信頼感」の図形と「サービス」の図形のあいだに作成します。

⑤ Ctrl を押しながら、左上方向にドラッグします。

⑥ ⟳ (ハンドル)を左方向にドラッグします。

⑦左右矢印をドラッグし、位置を調整します。

⑧左上にコピーした図形を選択し、 Ctrl と Shift を同時に押しながら、右方向にドラッグします。

⑨《書式》タブを選択します。

⑩《配置》グループの ⬚▾ (オブジェクトの回転)をクリックします。

⑪《左右反転》をクリックします。

⑫ Shift を押しながら左右矢印をドラッグし、位置を調整します。

⑬「信頼感」の図形を選択します。

⑭ Shift を押しながら、「サービス」の図形と、「信頼感」の図形と「サービス」の図形のあいだにある左右矢印をクリックします。

⑮《配置》グループの ⬚ 配置▾ (オブジェクトの配置)をクリックします。

⑯《左右に整列》をクリックします。

⑰《配置》グループの ⬚ 配置▾ (オブジェクトの配置)をクリックします。

⑱《上下中央揃え》をクリックします。

※図形と図形が重なっている場合は、図形の位置を調整しましょう。 Shift を押しながら、図形をドラッグすると、水平または垂直方向に移動できます。

❸

①「立地」の図形を選択します。

② Shift を押しながら、「新規顧客の獲得」「信頼感」「サービス」の図形をクリックします。

③《ホーム》タブを選択します。

④《フォント》グループの 10.5 ▾ （フォントサイズ）の
▾ をクリックし、一覧から《12》を選択します。

⑤「新規顧客の獲得」の図形を選択します。

⑥《書式》タブを選択します。

⑦《図形のスタイル》グループの ▾ （その他）をクリックします。

⑧《塗りつぶし-青、アクセント5》をクリックします。

⑨《図形のスタイル》グループの ◻▾ （図形の効果）をクリックします。

⑩《影》をポイントします。

⑪ 2019
《外側》の《オフセット：下》をクリックします。

2016
《外側》の《オフセット（下）》をクリックします。
※お使いの環境によっては、「オフセット（下）」が「オフセット：下」と表示される場合があります。

⑫「立地」の図形を選択します。

⑬ [Shift] を押しながら、「信頼感」「サービス」の図形をクリックします。

⑭《図形のスタイル》グループの ▾ （その他）をクリックします。

⑮《パステル-青、アクセント5》をクリックします。

⑯ 1つ目の左右矢印を選択します。

⑰ [Shift] を押しながら、2つ目と3つ目の左右矢印をクリックします。

⑱《図形のスタイル》グループの ▾ （その他）をクリックします。

⑲《枠線のみ-青、アクセント5》をクリックします。

⑳ 2019
《図形のスタイル》グループの ◿▾ （図形の枠線）の ▾ をクリックします。

2016
《図形のスタイル》グループの 図形の枠線 ▾ （図形の枠線）をクリックします。

㉑《太さ》をポイントします。

㉒ 任意の太さをクリックします。
※本書では、《1.5pt》を設定しています。

❹

①「立地」の図形を選択します。

② [Shift] を押しながら、「新規顧客の獲得」「信頼感」「サービス」の図形と3つの左右矢印をクリックします。

③《書式》タブを選択します。

④《配置》グループの ◻▾ （オブジェクトのグループ化）をクリックします。

⑤《グループ化》をクリックします。

❺

①「新規事業の基本コンセプトは…」で始まる行の1つ目の「」内にカーソルを移動します。

②「立地」と入力します。

③ 2つ目の「」内にカーソルを移動します。

④「信頼感」と入力します。

⑤ 3つ目の「」内にカーソルを移動します。

⑥「サービス」と入力します。

❻

①「オープンまでのスケジュールは次のとおり。」の下の行にカーソルを移動します。

②《挿入》タブを選択します。

③《図》グループの ▦ SmartArt （SmartArtグラフィックの挿入）をクリックします。

④ 左側の一覧から《手順》を選択します。

⑤ 中央の一覧から《矢印と長方形のプロセス》を選択します。

⑥《OK》をクリックします。

⑦ テキストウィンドウの1行目にカーソルを移動します。
※テキストウィンドウが表示されていない場合は、SmartArtグラフィックを選択→《SmartArtツール》の《デザイン》タブ→《グラフィックの作成》グループの ▦ テキスト ウィンドウ （テキストウィンドウ）をクリックします。

⑧「2022年1月」と入力します。

⑨ [Enter] を押します。

⑩ [Tab] を押します。

⑪「工事スタート」と入力します。

⑫ [↓] を押します。

⑬「2022年2月」と入力します。

⑭ 同様に、2つ目と3つ目の項目を入力します。

⑮ SmartArtグラフィックの右下の〇（ハンドル）をポイントし、用紙の幅に合うようにドラッグします。

❼

①《ファイル》タブを選択します。

②《名前を付けて保存》をクリックします。

③《参照》をクリックします。

④ ファイルを保存する場所を選択します。
※《ＰＣ》→《ドキュメント》→「日商ＰＣ 文書作成2級 Word2019／2016」→「第7章」を選択します。

⑤《ファイル名》に「レストラン新店舗オープンの企画」と入力します。

⑥《保存》をクリックします。

確認問題

第1回

第2回

第3回

採点シート

付録2

実技科目

完成例

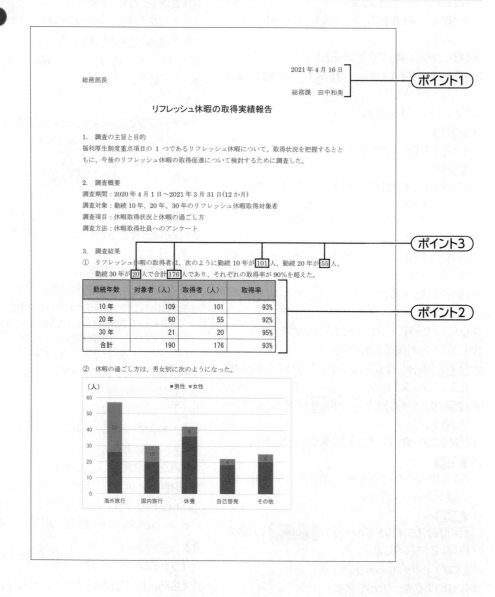

確認問題

第1回

第2回

第3回

採点シート

付録2

4. 総括 ─────────────────────────────────── ポイント4

① 総務部では、高取得率をめざして、年度の初めに「リフレッシュ休暇通知」を、12月末には「取得促進通知」を対象者に発行するなど、取得促進の努力が功を奏し、目標の90%を達成できた。

② アンケートの感想からリフレッシュ休暇制度が有効に使われたことがわかった。

③ 取得しなかった人もいたので、取得しなかった理由や職場背景などを調査し、今後の取得促進に反映したい。

以上

解答のポイント

ポイント1

指示にはありませんが、発信日と発信者名は右揃えで配置しましょう。また、発信日は元の文書に合わせて半角数字で入力します。

ポイント2

Excelファイル「集計」には表が2つありますが、「3. 調査結果」の①の文章から、「リフレッシュ休暇取得実績」の表を貼り付けることがわかります。

また、貼り付けた表は、1行目の項目行が2行で表示されてしまうため、1行で表示されるように任意の大きさにサイズを変更します。

ポイント3

貼り付けた表をもとに人数を入力します。前後の文章に半角数字が使われているため、ここでは半角数字を入力します。

ポイント4

スタイルを設定している箇所に改ページを挿入すると、段落番号がずれてしまいます。段落番号を元に戻すことを忘れないようにしましょう。

操作手順

❶

① 1行目にカーソルを移動します。

② 「2021年4月16日」と入力します。

③ [Enter] を押します。

④ 「総務部長」と入力します。

⑤ [Enter] を押します。

⑥ 「総務課　田中和美」と入力します。

⑦ 「2021年4月16日」を選択します。

⑧ **Ctrl** を押しながら、「総務課　田中和美」を選択します。

⑨《ホーム》タブを選択します。

⑩《段落》グループの 〓 (右揃え)をクリックします。

❷

①「実績報告」の前にカーソルを移動します。

②「リフレッシュ休暇の取得」と入力します。

③「リフレッシュ休暇の取得実績報告」を選択します。

④《ホーム》タブを選択します。

⑤《フォント》グループの MS 明朝 (フォント)の をクリックし、一覧から《MSPゴシック》を選択します。

⑥《フォント》グループの 10.5 (フォントサイズ)の をクリックし、一覧から《14》を選択します。

❸

①「以上」の上の行にカーソルを移動します。

②《挿入》タブを選択します。

③《テキスト》グループの □ (オブジェクト)の をクリックします。

④ **2019**
《テキストをファイルから挿入》をクリックします。
2016
《ファイルからテキスト》をクリックします。
※お使いの環境によっては、「ファイルからテキスト」が「テキストをファイルから挿入」と表示される場合があります。

⑤《ドキュメント》をクリックします。

⑥「日商PC 文書作成2級 PowerPoint2019／2016」をダブルクリックします。

⑦「第8章」をダブルクリックします。

⑧ すべての Word 文書 をクリックします。

⑨《テキストファイル》をクリックします。

⑩一覧から「報告」を選択します。

⑪《挿入》をクリックします。

⑫《Windows（既定値）》を ◉ にします。

⑬《OK》をクリックします。

⑭「調査結果」の行から「…反映したい。」までの行を選択します。

⑮《ホーム》タブを選択します。

⑯《フォント》グループの （すべての書式をクリア）をクリックします。

⑰「調査の主旨と目的」の行を選択します。

⑱ **Ctrl** を押しながら、「調査概要」「調査結果」「総括」の行を選択します。

⑲《段落》グループの 〓 (段落番号)の をクリックします。

⑳《1.2.3.》をクリックします。

㉑「リフレッシュ休暇の取得者は…」で始まる行から「休暇の過ごし方は…」で始まる行を選択します。

㉒《段落》グループの 〓 (段落番号)の をクリックします。

㉓《①②③》をクリックします。

㉔「総務部では…」で始まる行から「…反映したい。」までの行を選択します。

㉕ **F4** を押します。

❹

①タスクバーの （エクスプローラー）をクリックします。

②《ドキュメント》をダブルクリックします。

③「日商PC 文書作成2級 Word2019／2016」をダブルクリックします。

④「第8章」をダブルクリックします。

⑤Excelファイル「集計」をダブルクリックします。

⑥セル範囲【B4：E8】を選択します。

⑦《ホーム》タブを選択します。

⑧《クリップボード》グループの （コピー）をクリックします。

⑨タスクバーの をクリックし、Wordファイルに切り替えます。

⑩「…の取得率が90％を超えた。」の下の行にカーソルを移動します。

⑪《ホーム》タブを選択します。

⑫《クリップボード》グループの （貼り付け）をクリックします。

⑬表内をポイントします。

⑭表の右下の□（表のサイズ変更ハンドル）をドラッグし、1行目の項目が1行で表示されるようにします。
※ (Ctrl) (貼り付けのオプション) が表示されている場合は、 **Esc** を押しておきましょう。

❺

①「勤続10年が」の後ろの「●」を選択します。

②「101」と入力します。

③「勤続20年が」の後ろの「●」を選択します。

④「55」と入力します。

⑤「勤続30年が」の後ろの「●」を選択します。

⑥「20」と入力します。

⑦「合計」の後ろの「●」を選択します。

⑧「176」と入力します。

❻

①タスクバーの をクリックし、Excelファイル「集計」が開かれていることを確認します。

②グラフを選択します。

③《ホーム》タブを選択します。

④《クリップボード》グループの 📋 (コピー)をクリックします。

⑤タスクバーの ■ をクリックし、Wordファイルに切り替えます。

⑥「②休暇の過ごし方は…」の下の行にカーソルを移動します。

⑦《ホーム》タブを選択します。

⑧《クリップボード》グループの 🗒️ (貼り付け)の 貼り付け をクリックします。

⑨ 📋 (元の書式を保持しブックを埋め込む)をクリックします。

❼

①グラフを選択し、フォントが《MSPゴシック》であることを確認します。

②《挿入》タブを選択します。

③《テキスト》グループの 🔲 テキスト ボックス (テキストボックスの選択)をクリックします。

④《横書きテキストボックスの描画》をクリックします。

⑤テキストボックスの始点から終点へドラッグします。

⑥「(人)」と入力します。

※テキストボックス内にすべての文字が表示されていない場合は、テキストボックスの〇(ハンドル)をドラッグして、サイズを調整しておきましょう。

⑦テキストボックスを選択します。

⑧《ホーム》タブを選択します。

⑨《フォント》グループの MS 明朝 本文 (フォント)の ▾ をクリックし、一覧から《MSPゴシック》を選択します。

⑩テキストボックスの枠線をドラッグして、移動します。

❽

①「総括」の前にカーソルを移動します。

②《レイアウト》タブを選択します。

③《ページ設定》グループの 区切り (ページ/セクション区切りの挿入)をクリックします。

④《ページ区切り》の《改ページ》をクリックします。

⑤「5.総括」の上の行にカーソルを移動します。

※「改ページ」と表示されているセクション区切りの行にカーソルを移動します。

⑥《ホーム》タブを選択します。

⑦《スタイル》グループの あア亜 標準 (標準)をクリックします。

❾

①《ファイル》タブを選択します。

②《名前を付けて保存》をクリックします。

③《参照》をクリックします。

④ファイルを保存する場所を選択します。

※《PC》→《ドキュメント》→「日商PC 文書作成2級 Word2019／2016」→「第8章」を選択します。

⑤《ファイル名》に「リフレッシュ休暇の取得実績報告」と入力します。

⑥《保存》をクリックします。

確認問題

第1回

第2回

第3回

採点シート

付録2

Aₙswer 第1回 模擬試験 解答と解説

知識科目

■問題1

（解答） **2** どのような文書でも読み手と目的を明確にすることは大事である。

■問題2

（解答） **1** 稟議書は提案書の一種で、決定権者に決裁を求めるための文書である。

■問題3

（解答） **1**

（解説） 高速で大量運搬できるのは列車です。その逆は自転車です。

■問題4

（解答） **3** 箇条書きの項目数が2桁になるのは避けたほうがよい。

■問題5

（解答） **2** 起承転結の構成パターンは、社内報のコラムのような文章に適している。

■問題6

（解答） **3** MS明朝は固定ピッチフォントである。

（解説） 「P」が付くのはプロポーショナルフォントであり、固定ピッチフォントではありません。

■問題7

（解答） **1** 客観的な事実を簡潔に正確に記述する。

■問題8

（解答） **2** 色相環で、中心を挟んで反対側に位置している2つの色は補色関係にある。

■問題9

（解答） **3** 文書による伝達

■問題10

（解答） **2** 固有名詞による分類

完成例

確認問題

第1回

第2回

第3回

採点シート

付録2

S-210705-1
2021 年 7 月 5 日 ●ーーーー（ ポイント1 ）

販売促進課会議　議事録

日　時：2021 年 7 月 5 日（月）13:30〜15:00 ●ーーーー（ ポイント2 ）
場　所：会議室 301
出席者：山田課長、安藤主任、佐々木、中川、浜崎、上田（記録）●ーーーー（ ポイント3 ）

■議事
1. 販売目標確認
2. 新製品販促イベント進捗確認
3. ネットで応募キャンペーン企画の検討

■討議事項
1. 販売目標確認
　　力を入れている「フルーツティー」について、第 1 四半期の販売目標は 950 千円。ほ
　ぼ達成が確定している。年間の販売目標合計は 4,900 千円。

2. 新製品販促イベント進捗確認
　　横浜アリーナにて 10 月 10 日に開催されるヨガフェスティバルで、フルーツティーの
　新製品「VF time」シリーズを発表し、キャンペーン展開する。

3. ネットで応募キャンペーン企画の検討
　　キャンペーン用のサイト（PC 用およびスマートフォンサイト）を作成する。
　画面にブランドイメージロゴとキャッチフレーズ（参考資料）を活用する。

■次回会議予定
7 月 12 日（月）13:00〜14:30　オンライン会議

■参考資料

●ブランドイメージロゴ

香りとビタミン
新感覚フルーツティー

●キャッチフレーズ

フルーツティーでリラックス＆ヘルシー ●ーーーー（ ポイント4 ）

解答のポイント

ポイント1

指示にはありませんが、文書番号と提出日は右揃えで配置しましょう。
英数字を全角で入力するか半角で入力するかは、元の文書に合わせるのが基本ですが、問題文に指示がある場合はその指示に従います。全角、半角は混在しないようにしましょう。

ポイント2

日付や時間の表記は、元の文書に従って同じ表記で入力します。異なる表記を混在させないようにしましょう。ここでは、「( )」は全角で、「：」は半角で入力します。

ポイント3

議事録の出席者は、役職が上位の人から記入し、同列の場合には五十音順に記入します。また、別の部署からの出席者がいる場合には部署名も記入します。

ポイント4

問題文に図形のサンプルが表示されている場合は、具体的な指示がなくてもできるだけサンプルと同じように作成しましょう。
大きさや配置について指示がなくても、全体のバランスをみて調整します。ここでは、「●ブランドイメージロゴ」の画像の大きさや位置にそろえるようにするとよいでしょう。

ポイント5

テンプレートファイルから作成した場合には、必ずファイルの種類を確認してから保存しましょう。ファイルの種類をテンプレートで保存すると、ファイル名が異なると判断されるため、十分注意しましょう。

操作手順

❶

①「販売促進課会議　議事録」の前にカーソルを移動します。
②《Enter》を押します。
③1行目にカーソルを移動します。
④「S-210705-1」と入力します。
⑤「S-210705-1」の行を選択します。
⑥《ホーム》タブを選択します。
⑦《スタイル》グループの ［標準］ （標準）をクリックします。
⑧《段落》グループの ≡ （右揃え）をクリックします。
⑨「S-210705-1」の後ろにカーソルを移動します。
⑩《Enter》を押します。
⑪「2021年7月5日」と入力します。

❷

①「販売促進課会議　議事録」の行を選択します。
②《ホーム》タブを選択します。

③《フォント》グループの［MS 明朝 ▼］（フォント）の ▼ をクリックし、一覧から《MSゴシック》を選択します。
④《フォント》グループの［14 ▼］（フォントサイズ）の ▼ をクリックし、一覧から《18》を選択します。
⑤《段落》グループの ［田 ▼］（罫線）の ▼ をクリックします。
⑥《線種とページ罫線と網かけの設定》をクリックします。
⑦《罫線》タブを選択します。
⑧右側の《設定対象》が《段落》になっていることを確認します。
⑨左側の《種類》から《影》をクリックします。
⑩中央の《種類》から実線が選択されていることを確認します。
⑪中央の《線の太さ》の ▼ をクリックし、一覧から《1.5pt》を選択します。
⑫《OK》をクリックします。

❸

①「XXXX年X月X日（○）xx:xx～xx:xx」を選択します。
②「2021年7月5日（月）13：30～15：00」と入力します。
③「○○○○○室」を選択します。
④「会議室301」と入力します。

❹

①「出席者：」の後ろにカーソルを移動します。
②「山田課長、安藤主任、佐々木、中川、浜崎、上田（記録）」と入力します。

❺

①「■議事」の「1.」の後ろにカーソルを移動します。
②「販売目標確認」と入力します。
③「■議事」の「2.」の後ろにカーソルを移動します。
④「新製品販促イベント進捗確認」と入力します。
⑤「■議事」の「3.」の後ろにカーソルを移動します。
⑥「ネットで応募キャンペーン企画の検討」と入力します。
⑦「■議事」の「4.」から「5.」までの行とその下の空白行を選択します。
⑧《Delete》を押します。

❻

①タスクバーの ［■］ （エクスプローラー）をクリックします。
②ファイルの場所を選択します。
※《PC》→《ドキュメント》→「日商PC　文書作成2級 Word2019／2016」→「模擬試験」を選択します。
③Excelファイル「**販売目標**」をダブルクリックします。

④フルーツティーの第1四半期の販売目標が「950」千円、年間の販売目標合計が「4,900」千円であることを確認します。

⑤タスクバーの ⬛ をクリックし、Wordファイルに切り替えます。

⑥「■討議事項」の「1.」の後ろにカーソルを移動します。

⑦「販売目標確認」と入力します。

⑧ [Enter] を押します。

⑨「力を入れている「フルーツティー」について、第1四半期の販売目標は950千円。ほぼ達成が確定している。年間の販売目標合計は4,900千円。」と入力します。

⑩ [Enter] を押します。

⑪「■討議事項」の「2.」の後ろにカーソルを移動します。

⑫「新製品販促イベント進捗確認」と入力します。

⑬ [Enter] を押します。

⑭「横浜アリーナにて10月10日に開催されるヨガフェスティバルで、フルーツティーの新製品「VF time」シリーズを発表し、キャンペーン展開する。」と入力します。

⑮ [Enter] を押します。

⑯「■討議事項」の「3.」の後ろにカーソルを移動します。

⑰「ネットで応募キャンペーン企画の検討」と入力します。

⑱ [Enter] を押します。

⑲「キャンペーン用のサイト（PC用およびスマートフォンサイト）を作成する。」と入力します。

⑳ [Enter] を押します。

㉑「画面にブランドイメージロゴとキャッチフレーズ（参考資料）を活用する。」と入力します。

㉒「■討議事項」の「4.」から「※簡潔にまとめること」までの行を選択します。

㉓ [Delete] を押します。

※Excelファイル「販売目標」を保存せずに閉じておきましょう。

❼

①「力を入れている…4,900千円。」の段落にカーソルを移動します。

②《レイアウト》タブを選択します。

③《段落》グループの 0字 ⬍ （左インデント）を「2字」に設定します。

④同様に、「横浜アリーナにて…展開する。」の段落、「キャンペーン用…」で始まる段落と「画面にブランドイメージロゴ…」で始まる段落に2字分の左インデントを設定します。

❽

①「■討議事項」の「1.販売目標確認」の行にカーソルを移動します。

②《ホーム》タブを選択します。

③《スタイル》グループの ⬇ （その他）をクリックします。

④ あア亜 見出し2 （見出し2）をクリックします。

⑤「2.新製品販促イベント進捗確認」にカーソルを移動します。

⑥ [F4] を押します。

※見出しが設定されない場合は、あア亜 見出し2 （見出し2）をクリックします。

⑦同様に、「3.ネットで応募キャンペーン企画の検討」に見出し2を設定します。

⑧「1.販売目標確認」を選択します。

⑨《フォント》グループの U （下線）をクリックします。

⑩《スタイル》グループの あア亜 見出し2 （見出し2）を右クリックします。

⑪《選択個所と一致するように見出し2を更新する》をクリックします。

❾

①「■議事」の行を選択します。

※見出し1が設定されている行であれば、どこでもかまいません。

②《ホーム》タブを選択します。

③《フォント》グループの B （太字）をクリックします。

④《スタイル》グループの あア亜 見出し1 （見出し1）を右クリックします。

⑤《選択個所と一致するように見出し1を更新する》をクリックします。

❿

①文末にカーソルを移動します。

② [Enter] を押します。

③「■次回会議予定」と入力します。

④ [Enter] を押します。

⑤「7月12日（月）13:00～14:30　オンライン会議」と入力します。

⑥「■次回会議予定」の行にカーソルを移動します。

⑦《ホーム》タブを選択します。

⑧《スタイル》グループの あア亜 見出し1 （見出し1）をクリックします。

⓫

①文末にカーソルを移動します。

②《レイアウト》タブを選択します。

③《ページ設定》グループの 🔲区切り▾ （ページ/セクション区切りの挿入）をクリックします。

④《セクション区切り》の《次のページから開始》をクリックします。

確認問題

第1回

第2回

第3回

採点シート

付録2

⑤2ページ目にカーソルがあることを確認します。

⑥《ページ設定》グループの [印刷の向き▼] (ページの向きを変更)をクリックします。

⑦《横》をクリックします。

⓬

①2ページ目にカーソルがあることを確認します。

②「■参考資料」と入力します。

③《ホーム》タブを選択します。

④《スタイル》グループの [あア亜 見出し1] (見出し1)をクリックします。

⓭

①「■参考資料」の後ろにカーソルを移動します。

②[Enter]を2回押します。

③「●ブランドイメージロゴ」と入力します。

④[Enter]を押します。

⑤《挿入》タブを選択します。

⑥ **2019**
《図》グループの [画像] (ファイルから)をクリックします。
2016
[画像] (画像を挿入します)→《このデバイス》をクリックします。

⑦《ドキュメント》をクリックします。

⑧「日商PC 文書作成2級 PowerPoint2019／2016」をダブルクリックします。

⑨「模擬試験」をダブルクリックします。

⑩一覧から「Ftea_logo」を選択します。

⑪《挿入》をクリックします。

⑫画像の○(ハンドル)をドラッグして、サイズを調整します。

⑬《ホーム》タブを選択します。

⑭《段落》グループの [≡] (中央揃え)をクリックします。

⓮

①画像の後ろにカーソルを移動します。

②[Enter]を2回押します。

③《ホーム》タブを選択します。

④《段落》グループの [≡] (両端揃え)をクリックします。

⑤「●キャッチフレーズ」と入力します。

⑥《挿入》タブを選択します。

⑦《図》グループの [図形▼] (図形の作成)をクリックします。

⑧ **2019**
《星とリボン》の [□] (スクロール:横)をクリックします。
2016
《星とリボン》の [□] (横巻き)をクリックします。
※お使いの環境によっては、「横巻き」が「スクロール:横」と表示される場合があります。

⑨横巻きの始点から終点へドラッグします。

⑩横巻きの図形が選択されていることを確認します。

⑪「フルーツティーでリラックス&ヘルシー」と入力します。

⑫図形を選択します。

⑬《書式》タブを選択します。

⑭《図形のスタイル》グループの [▼] (その他)をクリックします。

⑮《枠線のみ-黒、濃色1》を選択します。

⑯《図形のスタイル》グループの [▢▼] (図形の効果)をクリックします。

⑰《影》をポイントします。

⑱ **2019**
《外側》の《オフセット:右下》をクリックします。
2016
《外側》の《オフセット(斜め右下)》をクリックします。
※お使いの環境によっては、「オフセット(斜め右下)」が「オフセット:右下」と表示される場合があります。

⑲《ホーム》タブを選択します。

⑳《フォント》グループの [10.5▼] (フォントサイズ)の [▼] をクリックし、一覧から《20》を選択します。

※図形内にすべての文字が表示されていない場合は、図形の○(ハンドル)をドラッグして、サイズを調整しておきましょう。

㉑《書式》タブを選択します。

㉒《配置》グループの [配置▼] (オブジェクトの配置)をクリックします。

㉓《左右中央揃え》をクリックします。

⓯

①《ファイル》タブを選択します。

②《名前を付けて保存》をクリックします。

③《参照》をクリックします。

④ファイルを保存する場所を選択します。

※《PC》→《ドキュメント》→「日商PC 文書作成2級 Word2019／2016」→「模擬試験」を選択します。

⑤《ファイル名》に「販売促進課会議事録0705」と入力します。

⑥《ファイルの種類》が《Word文書》になっていることを確認します。

⑦《保存》をクリックします。

第2回 模擬試験 解答と解説

確認問題

第1回

第2回

第3回

採点シート

付録2

知識科目

■問題1

解答 **2** 「情報や考えを正確に伝えること」「記録として残すこと」「行動を促すこと」

■問題2

解答 **3** X01_210910

■問題3

解答 **1**

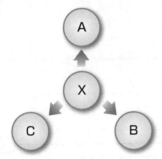

■問題4

解答 **3** 前置き―全体の要約―詳細説明―ポイントの整理

■問題5

解答 **1** 1. 調査の目的
2. 調査の概要
3. 調査の詳細
4. 総括
5. 添付資料

解説 「概要」→「詳細」の順になります。「総括」は最後のほうで行います。

■問題6

解答 **2** 箇条書きの中の任意の項目について、本文の中で説明を加えたいとき

■問題7

解答 **3** SNS*は、身近で便利なコミュニケーション手段ですが、最近ではアカウントが不正利用されたり
ウイルスの被害に遭ったりするなどの事例が発生しており注意が必要です。

　　＊友人・知人間のコミュニケーションを円滑にする場を提供したり、趣味や居住地、出身校、あるいは「友人の
　　　友人」といった人と人のつながりを通じて新たな人間関係を構築する場を提供したりする会員制サービス
　　　を指す。

解説 用語の説明が長くなる場合は文章に含めず、脚注など別の場所に書くと読みやすくなります。

■問題8

解答 **2** ページ番号や日付を入れるページの上部の余白部分を指す。

■問題9

解答 **1**

（ピラミッド図）
- 戦略的業務
- 非定型業務
- 定型業務
- 補助業務

■問題10

解答 **2** なるべく40字以内にする。

実技科目

完成例

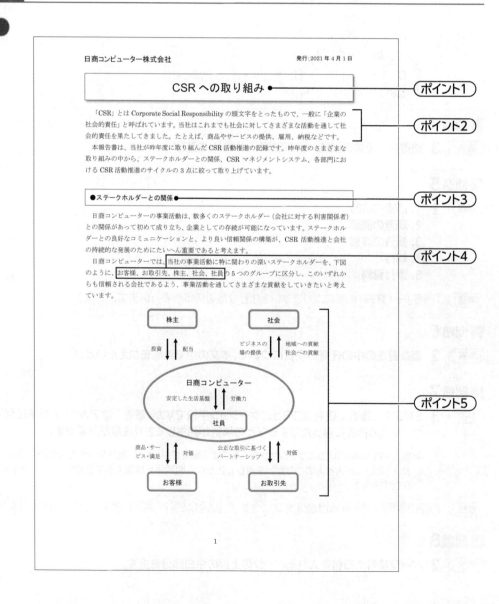

日商コンピューター株式会社　　　　　　　　　発行:2021年4月1日

CSR への取り組み ● ──────── ポイント1

「CSR」とは Corporate Social Responsibility の頭文字をとったもので、一般に「企業の社会的責任」と呼ばれています。当社はこれまでも社会に対してさまざまな活動を通して社会的責任を果たしてきました。たとえば、商品やサービスの提供、雇用、納税などです。 ──── ポイント2

本報告書は、当社が昨年度に取り組んだ CSR 活動推進の記録です。昨年度のさまざまな取り組みの中から、ステークホルダーとの関係、CSR マネジメントシステム、各部門における CSR 活動推進のサイクルの3点に絞って取り上げています。

● ステークホルダーとの関係 ● ──────── ポイント3

日商コンピューターの事業活動は、数多くのステークホルダー（会社に対する利害関係者）との関係があって初めて成り立ち、企業としての存続が可能になっています。ステークホルダーとの良好なコミュニケーションと、より良い信頼関係の構築が、CSR 活動推進と会社の持続的な発展のためにたいへん重要であると考えます。

日商コンピューターでは、当社の事業活動に特に関わりの深いステークホルダーを、下図のように、お客様、お取引先、株主、社会、社員の5つのグループに区分し、このいずれからも信頼される会社であるよう、事業活動を通してさまざまな貢献をしていきたいと考えています。 ──── ポイント4

（関係図）

- 株主 — 投資／配当 →
- 社会 — ビジネスの場の提供／地域への貢献・社会への貢献 →
- 日商コンピューター
- 安定した生活基盤／労働力
- 社員
- お客様 — 商品・サービス・満足／対価
- お取引先 — 公正な取引に基づくパートナーシップ／対価

──────── ポイント5

1

21

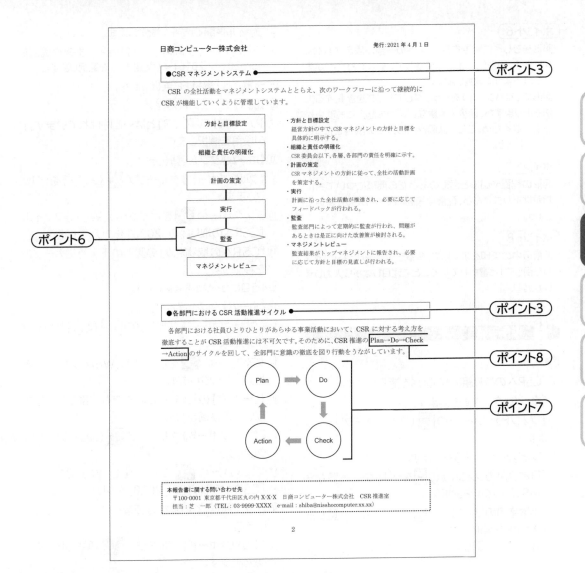

確認問題

第1回

第2回

第3回

採点シート

付録2

解答のポイント

ポイント1

問題文に「文字サイズを、本文よりも大きくする。」のように具体的なフォントサイズが指示されていない場合は、全体のバランスを見てフォントサイズを変更します。極端に大きくしてしまうと体裁の悪い文書になってしまうので注意しましょう。

ポイント2

3つの文で構成される段落の中の文を並べ替える問題は、次のように考えると正解を得ることができます。
(1)「たとえば、商品や…」の文は段落の先頭にはならない。2番目か3番目の文になる。
(2)「たとえば、商品や…」の文は、「「CSR」とは…」の文よりも「当社はこれまでも…」の文に続いたほうが自然に感じる。
(3)「「CSR」とは…」の文は、段落の先頭にあったほうが理解しやすく、段落の最後にもっていくと流れが不自然になる。

また、別のファイルにある文章を選んで記入する問題では、コピーして貼り付けると入力ミスを防ぐことができます。

ポイント3

見出しは、内容から判断して適切なものを選択します。
この問題も、コピーして貼り付けると入力ミスを防ぐことができます。

ポイント4

穴埋め問題は、図をよく見れば判断できます。段落内に順番を指定するような内容がなく、「5つのグループに区分し」とだけ書かれているため、入力する語句の順番は問いません。

ポイント5

矢印の配置は目視で調整します。角丸四角形の中心に合わせて配置するとよいでしょう。 [配置▼](オブジェクトの配置)では、ずれてしまうため注意します。

ポイント6

図形をひし形に変更すると、文字の一部が表示されなくなります。図形内の余白を変更して、すべての文字が表示されるように調整しましょう。
図形の〇（ハンドル）をドラッグしてサイズを調整する方法もありますが、前後の直線などほかの図形にも変更が必要になるため、ここでは図形内の余白の調整を行うとよいでしょう。

ポイント7

図形の配置や図形と図形のあいだの間隔について特に指示はありませんが、配置は等間隔にそろえるとよいでしょう。

ポイント8

図解の中の矢印をよく見て、順番を示す矢印や、「サイクルを回して」と書かれていることに注目しながら入力しましょう。

操作手順

❶

① 「CSRへの取り組み」の図形を選択します。
② 《ホーム》タブを選択します。
③ 《フォント》グループの （フォント）をクリックします。
④ 《フォント》タブを選択します。
⑤ 《日本語用のフォント》の をクリックし、一覧から《MSゴシック》を選択します。
⑥ 《英数字用のフォント》の をクリックし、一覧から《Arial》を選択します。
⑦ 《サイズ》の をクリックし、一覧から《18》を選択します。
⑧ 《OK》をクリックします。
⑨ 《段落》グループの （中央揃え）をクリックします。
⑩ 《書式》タブを選択します。
⑪ 《図形のスタイル》グループの （図形の効果）をクリックします。
⑫ 《影》をポイントします。
⑬ **2019**
《外側》の《オフセット：右下》をクリックします。
2016
《外側》の《オフセット（斜め右下）》をクリックします。
※お使いの環境によっては、「オフセット（斜め右下）」が「オフセット：右下」と表示される場合があります。

❷

① 《ファイル》タブを選択します。
② 《開く》をクリックします。
③ 《参照》をクリックします。

④ ファイルを開く場所を指定します。
※《PC》→《ドキュメント》→「日商PC 文書作成2級 Word2019／2016」→「模擬試験」を選択します。
⑤ 一覧から「素材」を選択します。
⑥ 《開く》をクリックします。
⑦ 【リード文】の「「CSR」とは…と呼ばれています。」の段落を選択します。
⑧ 《ホーム》タブを選択します。
⑨ 《クリップボード》グループの （コピー）をクリックします。
⑩ タスクバーの をポイントし、Wordファイル「CSRへの取り組み_2020」をクリックします。
⑪ 「CSRへの取り組み」の図形の下の行にカーソルを移動します。
※4行目にカーソルを移動します。
⑫ 《ホーム》タブを選択します。
⑬ 《クリップボード》グループの （貼り付け）をクリックします。
⑭ タスクバーの をポイントし、Wordファイル「素材」をクリックします。
⑮ 【リード文】の「当社はこれまでも…果たしてきました。」の段落を選択します。
⑯ 《クリップボード》グループの （コピー）をクリックします。
⑰ タスクバーの をポイントし、Wordファイル「CSRへの取り組み_2020」をクリックします。
⑱ 「…と呼ばれています。」の後ろにカーソルを移動します。
⑲ 《クリップボード》グループの （貼り付け）をクリックします。
⑳ 同様に、「たとえば、…納税などです。」の段落を「…果たしてきました。」の後ろにコピーします。
㉑ 「…納税などです。」の後ろにカーソルを移動します。
㉒ Delete を6回押します。
※余分な空白行を削除します。
㉓ 「「CSR」とは…」の前にカーソルを移動します。
㉔ 《レイアウト》タブを選択します。
㉕ 《段落》グループの （段落の設定）をクリックします。
㉖ 《インデントと行間隔》タブを選択します。
㉗ 《最初の行》の をクリックします。
㉘ 《字下げ》を選択します。
㉙ 《幅》が《1字》に設定されることを確認します。
㉚ 《OK》をクリックします。

❸

①Wordファイル「素材」が開かれていることを確認します。

※ファイルが開かれていない場合は、《ドキュメント》→「日商PC 文書作成2級 Word2019／2016」→「模擬試験」→「素材」を開きます。

②タスクバーの ■ をポイントし、Wordファイル「素材」をクリックします。

③【見出し】の「●ステークホルダーとの関係」を選択します。

※↵（段落記号）は含めずに選択します。

④《ホーム》タブを選択します。

⑤《クリップボード》グループの ■ (コピー)をクリックします。

⑥タスクバーの ■ をポイントし、Wordファイル「CSRへの取り組み_2020」をクリックします。

⑦1ページ目の空白の図形内にカーソルを移動します。

⑧《ホーム》タブを選択します。

⑨《クリップボード》グループの ■ (貼り付け)をクリックします。

⑩《段落》グループの ≡ (左揃え)をクリックします。

⑪同様に、「●CSRマネジメントシステム」を2ページ目の上の空白の図形内に、「●各部門におけるCSR活動推進サイクル」を2ページ目の下の空白の図形内にコピーし、左揃えを設定します。

⑫「●ステークホルダーとの関係」の図形を選択します。

⑬ Shift を押しながら、「●CSRマネジメントシステム」と「●各部門におけるCSR活動推進サイクル」の図形をクリックします。

⑭《フォント》グループの ■ (フォント)をクリックします。

⑮《フォント》タブを選択します。

⑯《日本語用のフォント》の ∨ をクリックし、一覧から《MSゴシック》を選択します。

⑰《英数字用のフォント》の ∨ をクリックし、一覧から《Arial》を選択します。

⑱《OK》をクリックします。

❹

①「下図のように、」の後ろの「「　」、「　」、「　」、「　」、「　」」を選択します。

※「」（カギカッコ）も含めて選択します。

②「お客様、お取引先、株主、社会、社員」と入力します。

❺

①「日商コンピューター」と「株主」の図形のあいだにある両端矢印を選択します。

② Shift を押しながら、「日商コンピューター」の図形の周囲にある残りの両端矢印をクリックします。

③ Delete を押します。

④ファイル「素材」が開かれていることを確認します。

※ファイルが開かれていない場合は、《ドキュメント》→「日商PC 文書作成2級 Word2019／2016」→「模擬試験」→「素材」を開きます。

⑤タスクバーの ■ をポイントし、Wordファイル「素材」をクリックします。

⑥【矢印】の①の図形を選択します。

⑦《ホーム》タブを選択します。

⑧《クリップボード》グループの ■ (コピー)をクリックします。

⑨タスクバーの ■ をポイントし、Wordファイル「CSRへの取り組み_2020」をクリックします。

⑩「…していきたいと考えています。」の後ろにカーソルを移動します。

⑪《ホーム》タブを選択します。

⑫《クリップボード》グループの ■ (貼り付け)をクリックします。

⑬コピーした図形を、「日商コンピューター」と「お客様」の図形のあいだに移動します。

⑭タスクバーの ■ をポイントし、Wordファイル「素材」をクリックします。

⑮【矢印】の②の図形を選択します。

⑯《クリップボード》グループの ■ (コピー)をクリックします。

⑰タスクバーの ■ をポイントし、Wordファイル「CSRへの取り組み_2020」をクリックします。

⑱《クリップボード》グループの ■ (貼り付け)をクリックします。

⑲コピーした図形を、「日商コンピューター」と「株主」の図形のあいだに移動します。

⑳同様に、③の図形を「日商コンピューター」と「お取引先」の図形のあいだに、④の図形を「日商コンピューター」と「社会」の図形のあいだにコピーします。

※Wordファイル「素材」を保存せずに閉じておきましょう。

❻

①「…マネジメントシステムととらえ」の後ろにカーソルを移動します。

②「、」を入力します。

❼

①「監査」の図形を選択します。

②《書式》タブを選択します。

③《図形の挿入》グループの ■ (図形の編集)をクリックします。

④《図形の変更》をポイントします。

⑤《フローチャート》の ◇ （フローチャート：判断）を
クリックします。

⑥「監査」の図形を右クリックします。

⑦《図形の書式設定》をクリックします。

⑧ 🔲 （レイアウトとプロパティ）をクリックします。

⑨テキストボックスの詳細が表示されていることを
確認します。

※テキストボックスの詳細が表示されていない場合は、
《テキストボックス》をクリックします。

⑩《左余白》《右余白》《上余白》《下余白》を
「0mm」に設定します。

⑪《図形の書式設定》作業ウィンドウの × （閉じる）
をクリックします。

❽

①「方針と目標設定」と「組織と責任の明確化」の図
形を結ぶ直線を選択します。

②Shift を押しながら、フローチャートのそれぞれ
の図形を結ぶ直線をすべてクリックします。

③《書式》タブを選択します。

④ **2019**

《図形のスタイル》グループの ▨▾ （図形の枠線）
の ▾ をクリックします。

2016

《図形のスタイル》グループの 図形の枠線 ▾ （図形の
枠線）をクリックします。

⑤《太さ》をポイントします。

⑥《2.25pt》をクリックします。

❾

①「・方針と目標設定」内の「します」を選択します。

②「する」と入力します。

③「・組織と責任の明確化」内の「します」を選択し
ます。

④「す」と入力します。

⑤「・計画の策定」内の「します」を選択します。

⑥「する」と入力します。

⑦「・実行」内の「ます」を選択します。

⑧「る」と入力します。

⑨「・監査」内の「ます」を選択します。

⑩「る」と入力します。

⑪「・マネジメントレビュー」内の「ます」を選択します。

⑫「る」と入力します。

❿

①タスクバーの 🗂 （エクスプローラー）をクリックし
ます。

②《ドキュメント》をダブルクリックします。

③「日商PC 文書作成2級 Word2019／2016」を
ダブルクリックします。

④「模擬試験」をダブルクリックします。

⑤「メモ」をダブルクリックします。

⑥修正する図形を確認します。

⑦タスクバーの 🔲 をクリックして、Wordに切り替え
ます。

⑧「Do」の図形を選択します。

⑨Shift を押しながら、「See」の図形をクリックし
ます。

⑩《書式》タブを選択します。

⑪《配置》グループの 🖿 配置▾ （オブジェクトの配置）
をクリックします。

⑫《右揃え》をクリックします。

⑬「See」の図形の文字上をクリックし、カーソルを表
示します。

⑭「Check」と編集します。

⑮「Check」の図形を選択します。

⑯「Check」の図形を右クリックします。

⑰《図形の書式設定》をクリックします。

⑱ 🔲 （レイアウトとプロパティ）をクリックします。

⑲テキストボックスの詳細が表示されていることを
確認します。

※テキストボックスの詳細が表示されていない場合は、
《テキストボックス》をクリックします。

⑳《左余白》《右余白》《上余白》《下余白》を
「0mm」に設定します。

㉑《図形の書式設定》作業ウィンドウの × （閉じる）
をクリックします。

㉒ Ctrl と Shift を同時に押しながら、「Check」
の図形を左方向にドラッグします。

㉓ Shift を押しながら、「Plan」の図形をクリックし
ます。

㉔《配置》グループの 🖿 配置▾ （オブジェクトの配置）
をクリックします。

㉕《左揃え》または《右揃え》をクリックします。

※「Plan」の図形の位置にそろえます。

㉖コピーした「Check」の図形の文字上をクリック
し、カーソルを表示します。

㉗「Action」と編集します。

㉘「Do」と「Check」のあいだの矢印を選択します。

㉙矢印の ↻ （ハンドル）を右方向にドラッグして、
下向きの矢印にします。

㉚矢印をポイントし、マウスポインターの形が ✛ に
変わったら、矢印の枠線をドラッグして、「Do」と
「Check」のあいだに移動します。

㉛「Action」と「Plan」のあいだの矢印を選択します。

㉜矢印の ⟳ (ハンドル)を右方向にドラッグして、上向きの矢印にします。

㉝矢印をポイントし、マウスポインターの形が ⤢ に変わったら、矢印の枠線をドラッグして、「Plan」と「Action」のあいだに移動します。

㉞「Plan」と「Do」のあいだの矢印を選択します。

㉟ [Ctrl] と [Shift] を同時に押しながら、下方向にドラッグします。

㊱《配置》グループの ⬛▾ (オブジェクトの回転)をクリックします。

㊲《左右反転》をクリックします。

㊳「Plan」の図形を選択します。

㊴ [Shift] を押しながら、「Action」の図形と、「Plan」と「Action」のあいだの矢印をクリックします。

㊵《配置》グループの 🖻 配置▾ (オブジェクトの配置)をクリックします。

㊶《左右中央揃え》をクリックします。

㊷《配置》グループの 🖻 配置▾ (オブジェクトの配置)をクリックします。

㊸《上下に整列》をクリックします。

㊹同様に、「Do」と「Check」の図形、「Do」と「Check」のあいだの矢印の配置を調整します。

㊺「Action」の図形を選択します。

㊻ [Shift] を押しながら、「Check」の図形と、「Action」と「Check」のあいだの矢印をクリックします。

㊼《配置》グループの 🖻 配置▾ (オブジェクトの配置)をクリックします。

㊽《上下中央揃え》をクリックします。

※画像ファイル「メモ」を閉じておきましょう。

⓫

①「そのために、CSR推進の」の後ろの1つ目の「「　」」を選択します。

※「」(カギカッコ)も含めて選択します。

②「Plan」と入力します。

③2つ目の「「　」」を選択します。

④「Do」と入力します。

⑤3つ目の「「　」」を選択します。

⑥「Check」と入力します。

⑦4つ目の「「　」」を選択します。

⑧「Action」と入力します。

⓬

①《挿入》タブを選択します。

②《ヘッダーとフッター》グループの 🔲 ページ番号▾ (ページ番号の追加)をクリックします。

③《ページの下部》をポイントします。

④《シンプル》の《番号のみ2》をクリックします。

⑤《ヘッダー/フッターツール》の《デザイン》タブを選択します。

⑥《閉じる》グループの ❎ ヘッダーとフッターを閉じる (ヘッダーとフッターを閉じる)をクリックします。

⓭

①《挿入》タブを選択します。

②《ヘッダーとフッター》グループの 🔲 ヘッダー▾ (ヘッダーの追加)をクリックします。

③《ヘッダーの編集》をクリックします。

④「発行:2020年4月1日」の図形の文字上をクリックし、カーソルを表示します。

⑤「2020」を「2021」に編集します。

⑥《ヘッダー/フッターツール》の《デザイン》タブを選択します。

⑦《閉じる》グループの ❎ ヘッダーとフッターを閉じる (ヘッダーとフッターを閉じる)をクリックします。

⓮

①《ファイル》タブを選択します。

②《名前を付けて保存》をクリックします。

③《参照》をクリックします。

④ファイルを保存する場所を選択します。

※《PC》→《ドキュメント》→「日商PC 文書作成2級 Word2019／2016」→「模擬試験」を選択します。

⑤《ファイル名》に「CSRへの取り組み_2021」と入力します。

⑥《保存》をクリックします。

確認問題

第1回

第2回

第3回

採点シート

付録2

Answer 第3回 模擬試験 解答と解説

Answer 第3回 模擬試験 解答と解説

知識科目

問題1
(解答) **1** 1つの段落内の文の数は、5つ以下に抑えるのがよい。

問題2
(解答) **3** 内容や表現が文書の種類・テーマ・目的・読み手に合っているか、文章は簡潔にまとまっているかなどについて確認すること。

問題3
(解答) **2** 日ごろの取引に対する感謝の気持ちも伝わるような書き方をする。

問題4
(解答) **1** A社の売り上げはB社の半分である。
(解説) 「強さが際立っている」や「遠く及ばず半分に過ぎない」は意見です。

問題5
(解答) **3** 和文書体の明朝体に近いデザインである。

問題6
(解答) **2** キーワードを抽出し、キーワード相互の状態・構造や関係、変化を考えながら、キーワードをつないだり配置したりしながら図解を完成させる。

問題7
(解答) **3** 永年

問題8
(解答) **2** 「見る」の謙譲語は「拝見する」、尊敬語は「ご覧になる」である。

問題9
(解答) **2**

(解説) 下側が広く(大きく)上側が狭い(小さい)図形は安定感があります。

確認問題

第1回

第2回

第3回

採点シート

付録2

■問題10

解答 **1** ●活動経過
下記のように特約店3社を訪問し、当社商品の販売状況を詳しく調査した。
- ・7月7日（水）
  3社の中では会社規模が最も大きい、鴨川市の特約店X商事を訪問した。
  （調査内容省略）
- ・7月8日（木）
  3社の中では取引量が最も多い、水戸市の特約店Y商店を訪問した。
  （調査内容省略）
- ・7月9日（金）
  3社の中では取引量が2番目に多く会社規模も2番目に大きい、沼津市の特約店Z販売を訪問した。
  （調査内容省略）

実技科目

完成例

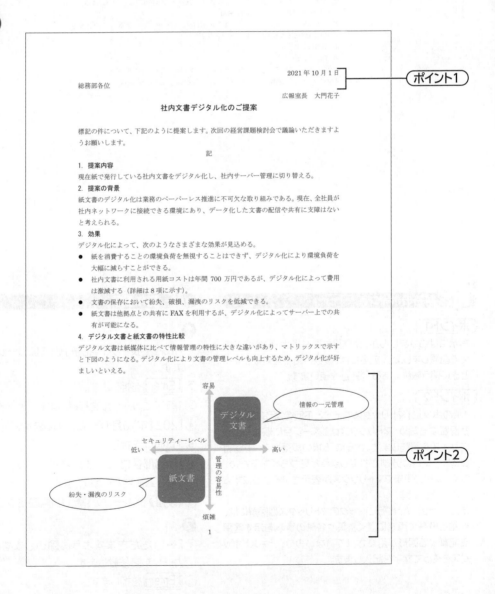

ポイント1

ポイント2

2021年10月1日

総務部各位

広報室長　大門花子

社内文書デジタル化のご提案

標記の件について、下記のように提案します。次回の経営課題検討会で議論いただきますようお願いします。

記

1. 提案内容
現在紙で発行している社内文書をデジタル化し、社内サーバー管理に切り替える。

2. 提案の背景
紙文書のデジタル化は業務のペーパーレス推進に不可欠な取り組みである。現在、全社員が社内ネットワークに接続できる環境にあり、データ化した文書の配信や共有に支障はないと考えられる。

3. 効果
デジタル化によって、次のようなさまざまな効果が見込める。
- 紙を消費することの環境負荷を無視することはできず、デジタル化により環境負荷を大幅に減らすことができる。
- 社内文書に利用される用紙コストは年間 700 万円であるが、デジタル化によって費用は激減する（詳細は 8 項に示す）。
- 文書の保存において紛失、破損、漏洩のリスクを低減できる。
- 紙文書は他拠点との共有に FAX を利用するが、デジタル化によってサーバー上での共有が可能になる。

4. デジタル文書と紙文書の特性比較
デジタル文書は紙媒体に比べて情報管理の特性に大きな違いがあり、マトリックスで示すと下図のようになる。デジタル化により文書の管理レベルも向上するため、デジタル化が好ましいといえる。

容易

デジタル文書

情報の一元管理

セキュリティーレベル
低い　　　　　　　　高い

管理の容易性

紙文書

紛失・漏洩のリスク

煩雑

1

28

5. 文書の最適な管理方法についてのアンケート調査結果

全社員を対象に、文書の最適な管理方法に関するアンケート調査を2018年以降行っている。
その結果、グラフが示すようにデジタル化による管理を最適とする意見が70%を超えた。

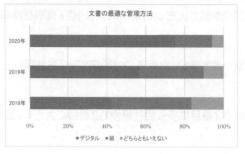

文書の最適な管理方法

6. 実現方法

社内文書のデジタル化は、従来システムに追加プログラムを導入して行う。なお、すべての
社内文書は汎用性の高いファイル形式で保存されるため、個々の端末側には特別なシステ
ムの追加は不要である。

7. 導入予定時期

社内文書のデジタル化は、2022年4月から段階的に開始し2023年3月に完了予定とする。

8. 導入の初期費用および管理・運用費用

導入の初期費用は100万円で、管理・運用費用は合わせて月額2万円である。

9. 社内文書のデジタル化のシステムイメージ

添付資料に示す。

10. 問い合わせ先

本提案に関する技術面、運用面の問い合わせ先（担当者）は下記のとおりである。

広報室　芝　智子（内線：11-2222　e-mail：shiba@nissho-solutions.xx.xx）

以上

2

 解答のポイント

ポイント1

指示にはありませんが、発信日付は右揃え、宛名は左揃
えで配置しましょう。宛名には、複数の相手を対象とする
ときに使う敬称である「各位」を使います。

ポイント2

4項の本文に「マトリックスで示すと下図のようになる。」
と記載するため、マトリックスは1ページ目に収まるよう
にサイズを調整します。さらに、5項の段落が1ページ目
と2ページ目に分割されてしまうと見づらくなるため、
1ページ目の下までマトリックスが表示されるようにする
とよいでしょう。
また、SmartArtグラフィックのマトリックス型図解には、
縦軸と横軸の両端に置く言葉や各軸の意味を示す言葉
を記載する図形が用意されていないので、テキストボッ
クスを使って文字を記入します。

 操作手順

❶

①「広報室長　大門花子」の前にカーソルを移動し
　ます。

②[Enter]を押します。

③1行目にカーソルを移動します。

④「2021年10月1日」と入力します。

⑤[Enter]を押します。

⑥「総務部各位」と入力します。

⑦《ホーム》タブを選択します。

⑧《段落》グループの ▤（左揃え）をクリックします。

❷

①「…いただきますようお願いします。」の後ろに
　カーソルを移動します。

②[Enter]を押します。

③「記」と入力します。

④《ホーム》タブを選択します。

⑤《段落》グループの ≡ (中央揃え)をクリックします。

⑥文末にカーソルを移動します。

⑦ Enter を押します。

⑧「以上」と入力します。

⑨《段落》グループの ≡ (右揃え)をクリックします。

❸

①「…減らすことができる。」の後ろにカーソルを移動します。

② Enter を押します。

③「また、」を選択します。

④ Delete を押します。

⑤「…（詳細は8項に示す）。」の後ろにカーソルを移動します。

⑥ Enter を押します。

⑦「さらに」を選択します。

⑧ Delete を押します。

⑨「という効果もある」を選択します。

⑩ Delete を押します。

⑪「…を低減できる。」の後ろにカーソルを移動します。

⑫ Enter を押します。

⑬「紙を消費することの…」で始まる行から「…可能になる。」までの行を選択します。

⑭《ホーム》タブを選択します。

⑮《段落》グループの ≡▾ (箇条書き)の ▾ をクリックします。

⑯《●》をクリックします。

❹

①「…違いがある。」を「…違いがあり、」に修正します。

②「管理の容易性では…デジタル文書は高い。このことから、」を選択します。

③「マトリックスで示すと下図のようになる。」と入力します。

❺

①「…デジタル化が好ましいといえる。」の後ろにカーソルを移動します。

② Enter を3回押します。

③《挿入》タブを選択します。

④《図》グループの 🗒SmartArt (SmartArtグラフィックの挿入)をクリックします。

⑤左側の一覧から《マトリックス》を選択します。

⑥中央の一覧から《グリッドマトリックス》を選択します。

⑦《OK》をクリックします。

⑧SmartArtグラフィックの右下の〇（ハンドル）をポイントし、1ページ目に収まるようにドラッグします。

⑨《挿入》タブを選択します。

⑩《テキスト》グループの 🄰 (テキストボックスの選択)をクリックします。

⑪《横書きテキストボックスの描画》をクリックします。

⑫テキストボックスの始点から終点へドラッグします。

⑬「セキュリティーレベル」と入力します。

※テキストボックス内にすべての文字が表示されていない場合は、テキストボックスの〇（ハンドル）をドラッグして、サイズを調整しておきましょう。

⑭テキストボックスの枠線をドラッグして、左上の象限に移動します。

※グリッドマトリックスの横軸に沿わせて配置します。

⑮《書式》タブを選択します。

⑯ **2019**
《図形のスタイル》グループの 🪣▾ (図形の塗りつぶし)の ▾ をクリックします。

2016
《図形のスタイル》グループの 図形の塗りつぶし▾ (図形の塗りつぶし)をクリックします。

⑰《塗りつぶしなし》をクリックします。

⑱ **2019**
《図形のスタイル》グループの ✏▾ (図形の枠線)の ▾ をクリックします。

2016
《図形のスタイル》グループの 図形の枠線▾ (図形の枠線)をクリックします。

⑲ **2019**
《枠線なし》をクリックします。

2016
《線なし》をクリックします。

※お使いの環境によっては、「線なし」が「枠線なし」と表示される場合があります。

⑳ Ctrl を押しながら、「セキュリティーレベル」のテキストボックスをグリッドマトリックスの縦軸の上側にドラッグします。

㉑コピーしたテキストボックスの文字上をクリックし、カーソルを表示します。

㉒「容易」と編集します。

㉓テキストボックスの〇（ハンドル）をドラッグして、サイズを調整します。

㉔テキストボックスの枠線をドラッグして、縦軸の中心に合わせて移動します。

㉕「容易」のテキストボックスを選択します。

㉖ Ctrl と Shift を同時に押しながら、「容易」のテキストボックスをグリッドマトリックスの縦軸の下側にドラッグします。

確認問題

第1回

第2回

第3回

採点シート

付録2

㉗ [Ctrl] を押しながら、「容易」のテキストボックスを横軸の左側にドラッグします。
㉘ 横軸の左側にコピーしたテキストボックスを選択し、[Ctrl]と[Shift]を同時に押しながら、横軸の右側にドラッグします。
㉙ グリッドマトリックスの縦軸の下側のテキストボックスの文字上をクリックし、カーソルを表示します。
㉚「煩雑」と編集します。
㉛ 同様に、グリッドマトリックスの横軸の左側のテキストボックスを「低い」、右側のテキストボックスを「高い」に編集します。
㉜「セキュリティーレベル」のテキストボックスを選択します。
㉝ [Ctrl] を押しながら、右下の象限にドラッグします。
㉞ コピーしたテキストボックスの文字上をクリックし、カーソルを表示します。
㉟「管理の容易性」と編集します。
㊱「管理の容易性」のテキストボックスを選択します。
㊲《テキスト》グループの [文字列の方向▾]（文字列の方向）をクリックします。
㊳《縦書き》をクリックします。
㊴ テキストボックスの○（ハンドル）をドラッグして、縦方向にサイズを調整します。
㊵ テキストボックスの枠線をドラッグして、グリッドマトリックスの縦軸に沿わせて移動します。
㊶ SmartArtグラフィックを選択します。
㊷ テキストウィンドウの2行目にカーソルを移動します。
※テキストウィンドウが表示されていない場合は、SmartArtグラフィックを選択→《SmartArtツール》の《デザイン》タブ→《グラフィックの作成》グループの [テキスト ウィンドウ]（テキストウィンドウ）をクリックします。
㊸「デジタル文書」と入力します。
㊹ [↓]を1回押します。
㊺「紙文書」と入力します。
㊻「デジタル文書」の図形を選択します。
㊼ [Shift] を押しながら、「紙文書」の図形をクリックします。
㊽《ホーム》タブを選択します。
㊾《フォント》グループの [26 ▾]（フォントサイズ）の [▾] をクリックし、一覧から《14》を選択します。
㊿ SmartArtグラフィックの左上の角丸四角形を選択します。
(51) [Shift] を押しながら、右下の角丸四角形をクリックします。
(52)《書式》タブを選択します。
(53) 2019
《図形のスタイル》グループの [図形の塗りつぶし▾]（図形の塗りつぶし）をクリックします。
2016
《図形のスタイル》グループの [図形の塗りつぶし▾]（図形の塗りつぶし）をクリックします。
(54)《塗りつぶしなし》をクリックします。

❻

① 《挿入》タブを選択します。
② 《図》グループの [図形▾]（図形の作成）をクリックします。
③ 2019
《吹き出し》の 💬（吹き出し:円形）をクリックします。
2016
《吹き出し》の 💬（円形吹き出し）をクリックします。
※お使いの環境によっては、「円形吹き出し」が「吹き出し:円形」と表示される場合があります。
④ 円形吹き出しの始点から終点へドラッグします。
⑤「情報の一元管理」と入力します。
※図形内にすべての文字が表示されていない場合は、図形の○（ハンドル）をドラッグして、サイズを調整しておきましょう。
⑥ 円形吹き出しを選択します。
⑦《書式》タブを選択します。
⑧ 2019
《図形のスタイル》グループの [🪣▾]（図形の塗りつぶし）の [▾] をクリックします。
2016
《図形のスタイル》グループの [図形の塗りつぶし▾]（図形の塗りつぶし）をクリックします。
⑨《塗りつぶしなし》をクリックします。
⑩《ホーム》タブを選択します。
⑪《フォント》グループの [A▾]（フォントの色）の [▾] をクリックします。
⑫《テーマの色》の《黒、テキスト1》をクリックします。
⑬ [Ctrl] を押しながら、左下方向にドラッグします。
⑭ コピーした図形内の文字上をクリックし、カーソルを表示します。
⑮「紛失・漏洩のリスク」と編集します。
※図形内にすべての文字が表示されていない場合は、図形の○（ハンドル）をドラッグして、サイズを調整しておきましょう。
⑯ 図形の黄色の○（ハンドル）をドラッグして、吹き出し口の位置を調整します。

❼

① タスクバーの ▨（エクスプローラー）をクリックします。

② ファイルの場所を選択します。

※《PC》→《ドキュメント》→「日商PC　文書作成2級 Word2019／2016」→「模擬試験」を選択します。

③ Excelファイル「**文書の最適な管理方法アンケート**」をダブルクリックします。

④ グラフを選択します。

⑤《ホーム》タブを選択します。

⑥《クリップボード》グループの ▨（コピー）をクリックします。

⑦ タスクバーの ▨ をクリックし、Wordファイルに切り替えます。

⑧「…を最適とする意見が70％を超えた。」の後ろにカーソルを移動します。

⑨ [Enter] を2回押します。

⑩「その結果…」の下の行にカーソルを移動します。

⑪《ホーム》タブを選択します。

⑫《クリップボード》グループの ▨（貼り付け）をクリックします。

⑬「その結果、」の後ろにカーソルを移動します。

⑭「**グラフが示すように**」と入力します。

※ Excelファイル「**文書の最適な管理方法アンケート**」を保存せずに閉じておきましょう。

❽

①「**8.導入の初期費用および管理・運用費用**」の後ろにカーソルを移動します。

② [Enter] を押します。

③「**導入の初期費用は100万円で、管理・運用費用は合わせて月額2万円である。**」と入力します。

④「導入の初期費用は…」で始まる行を選択します。

⑤《ホーム》タブを選択します。

⑥《スタイル》グループの ▨（標準）をクリックします。

⑦ 表内をポイントし、▣（表の移動ハンドル）をクリックします。

⑧ [Back Space] を押します。

❾

①《挿入》タブを選択します。

②《ヘッダーとフッター》グループの ▨ ページ番号▾（ページ番号の追加）をクリックします。

③《ページの下部》をポイントします。

④《シンプル》の《番号のみ2》をクリックします。

⑤《ヘッダー/フッターツール》の《デザイン》タブを選択します。

⑥《閉じる》グループの ▨ ヘッダーとフッター を閉じる（ヘッダーとフッターを閉じる）をクリックします。

❿

①《ファイル》タブを選択します。

②《名前を付けて保存》をクリックします。

③《参照》をクリックします。

④ ファイルを保存する場所を選択します。

※《PC》→《ドキュメント》→「日商PC　文書作成2級 Word2019／2016」→「模擬試験」を選択します。

⑤《ファイル名》に「**社内報デジタル化提案書（完成）**」と入力します。

⑥《保存》をクリックします。

確認問題

第1回

第2回

第3回

採点シート

付録2

第1回 模擬試験 採点シート

チャレンジした日付

年　　　　月　　　　日

知識科目

問題	解答	正答	備考欄
1			
2			
3			
4			
5			
6			
7			
8			
9			
10			

実技科目

設問	内容	判定
1	文書番号と提出日が正しく入力されている。	
2	標題のフォントが正しく設定されている。	
2	標題のフォントサイズが正しく設定されている。	
2	標題の段落罫線が正しく設定されている。	
3	日時と場所が正しく入力されている。	
4	出席者が正しく入力され、記録者が明記されている。	
5	議事が正しく入力されている。	
6	メモの内容が正しく入力されている。	
6	Excelファイルの数値が正しく入力されている。	
6	シリーズ名が正しく修正されている。	
6	「ネットで応募キャンペーン企画の検討」が2つの文に分けられている。	
7	インデントが正しく設定されている。	
8	討議事項の項目に見出しのスタイルが正しく設定されている。	
8	すべての見出しに正しいスタイルが設定されている。	
9	すべての見出しに正しいスタイルが設定されている。	
10	「次回の会議予定」が正しく入力されている。	
10	スタイルが正しく設定されている。	
11	2ページ目が正しく挿入され、2ページ目のみページの向きが横に変更されている。	
12	見出し「参考資料」が正しく入力されている。	
12	スタイルが正しく設定されている。	
13	「●ブランドイメージロゴ」が正しく入力されている。	
13	画像が正しく追加されている。	
13	画像のサイズが正しく変更されている。	
13	画像の配置が正しく設定されている。	
14	「●キャッチフレーズ」が正しく入力されている。	
14	図形が正しく作成されている。	
14	図形に文字が正しく入力されている。	
14	図形に影が正しく設定されている。	
15	正しい保存先に正しい名前でWord文書として保存されている。	

第2回 模擬試験 採点シート

チャレンジした日付

　　　　　年　　　　月　　　　日

確認問題

第1回

第2回

第3回

採点シート

付録2

知識科目

問題	解答	正答	備考欄
1			
2			
3			
4			
5			
6			
7			
8			
9			
10			

実技科目

設問	内容	判定
1	標題のフォントが正しく設定されている。	
	標題のフォントサイズが正しく設定されている。	
	標題の配置が正しく設定されている。	
	枠線に影が正しく設定されている。	
2	文章が正しい順番で挿入されている。	
	インデントが正しく設定されている。	
3	適切な見出しが正しく入力されている。	
	見出しの配置が正しく設定されている。	
	見出しのフォントが正しく設定されている。	
4	文中の空白に正しく語句が入力されている。	
5	両端矢印を正しく差し替えている。	
6	読点が正しく挿入されている。	
7	フローチャートの図形の種類が正しく変更されている。	
8	フローチャートの線が正しく設定されている。	
9	説明文の文体が正しく変更されている。	
10	図形が正しく追加されている。	
	図形内の文字が正しく修正されている。	
	図形の配置が正しく設定されている。	
11	文中の空白に正しく語句が入力されている。	
12	ページ番号が正しく挿入されている。	
13	発行日が正しく変更されている。	
14	正しい保存先に正しい名前でWord文書として保存されている。	

第3回 模擬試験 採点シート

チャレンジした日付

年　　　　月　　　　日

模擬試験 採点シート

知識科目

問題	解答	正答	備考欄
1			
2			
3			
4			
5			
6			
7			
8			
9			
10			

実技科目

設問	内容	判定
1	発信日付と宛名が正しく入力されている。	
2	記書きが正しく設定されている。	
3	箇条書きが正しく設定されている。	
3	箇条書きの文体が正しく変更されている。	
4	文章が正しく変更されている。	
5	SmartArtグラフィックの「グリッドマトリックス」が正しく挿入されている。	
5	横軸の文字が正しく挿入されている。	
5	縦軸の文字が正しく挿入されている。	
5	マトリックスの象限が正しく入力されている。	
5	マトリックスの象限の書式が正しく設定されている。	
6	円形吹き出しが正しく挿入されている。	
6	円形吹き出しに正しく文字が入力されている。	
6	円形吹き出しが適切な位置に配置されている。	
6	円形吹き出しの書式が正しく設定されている。	
7	Excelのグラフが正しくコピーされている。	
7	文章が正しく変更されている。	
8	文章が正しく1文で表現されている。	
8	表が正しく削除されている。	
9	ページ番号が正しく挿入されている。	
10	正しい保存先に正しい名前でWord文書として保存されている。	

Answer 付録2 1級サンプル問題 解答と解説

知識問題を解答する際の基本的な注意事項

知識問題の記述方法について、以下に注意事項を挙げる。

・ 問われていることについて、具体的な情報を盛り込んで記述すること。

・ 文字数は指定された文字数の範囲内で記述すること。過少、過剰の場合は、採点に影響する可能性がある。

・ 文末表現を統一すること。(「です・ます」調、「だ・である」調)

・ 誤字、脱字がないこと。

・ 問題文に何か指定されていることがあれば、それに基づき記述すること。

・ 複数項目について説明する際には、「1つ目は・・・。2つ目は・・・。3つ目は・・・。」というような流れにするとよい。

問題1(共通分野)

A 標準解答

> ファイル名やフォルダー名の付け方は、社内においてルール化することが重要である。まずファイル名は、報告書を保存するのであれば、「20210901_業務報告書.docx」などのように「年月日&適切な文書名」とする。作成途中のものは「バージョン番号」を入れるとよい。またフォルダー名は、テーマ、固有名詞、時系列、文書の種類などがわかるように名前を付けて分類し、そのフォルダーの中にサブフォルダーを作成して管理する。たとえば、作成途中の業務報告書を保存する場合、「総務部」、「2021年度業務報告」、「01進行中」というフォルダーの中に、「20210901_業務報告書_ver1.docx」として保存するとよい。

解答のポイント

解答のポイントを箇条書きで示すと、次のようになる。

● なぜこの問題が出題されているのか?つまり、ファイル名やフォルダー名の付け方で生産性が左右されることを問題にしている。

● ここで重要な点は、会社においてルール化することの重要性を記述することである。

● また、ファイル名とフォルダー名の両方が問われているので、両方について記述する。

● ファイル名については、適切な文書名を付けることは当然だが、作成した年月日を文書名の前か後ろに付けることで、検索しやすくなるので、年月日を付け加えることを記述する。

● 進行中の作成ファイルは状況に応じてバージョン番号を付けることで、履歴を確認することができる。

● フォルダー名は、「総務部」「人事課」等の大きな括りでフォルダーを作成後、そのフォルダーの中に「2021年度_採用関係」のように年度&業務名ごとの小分類のサブフォルダーを作成する。

- またサブフォルダーには「01進行中」「02保管用」のように、進捗状況に応じて保存できるような作業用のフォルダーを作成し、適切に保存するようにする。

実際の解答は、以上のポイントをもとに指定された文字数で文章にまとめる。

問題1（共通分野）

B 標準解答

> クラウドサービスのメリットとしては、インターネットの環境が整っていれば外部からアクセスできること、サーバー等の専任管理者が不要であること、比較的短期間で導入できること等が挙げられ、クラウドサービスは、テレワーク導入促進の役割を担っている。特にクラウドストレージサービスを使用すれば、社内での共有ファイルを外部から利用することもできることから、ファイルやデータの一元管理が可能である。また、バージョン履歴管理機能が備わっているものも多く、誤操作してもデータの復元ができることもメリットの1つである。

解答のポイント

解答のポイントを箇条書きで示すと、次のようになる。

- 問題文に「テレワーク」という言葉が含まれていることから、「テレワーク」に関することを意識する。
- クラウドサービスのメリットとして、「インターネット環境下であれば外部からアクセスできること」「サーバー等の管理者が不要であること」「短期間での導入が可能なこと」等を挙げる。
- 「一元管理」という言葉を使用することから、ここではファイルの一元管理を例としてクラウドストレージサービスについて説明する。
- 指定された文字数内であれば、クラウドストレージサービスのメリットを入れてもよい。

実際の解答は、以上のポイントをもとに指定された文字数で文章にまとめる。

問題2（文書作成分野）

A 標準解答

> 読み手を明確にして、読み手を想定しながら文書を作成することで、読み手に合った適切な用語を使用したり表現を変えたり内容の過不足を防止したりすることができる。また、読み手の立場に立って疑問を感じることなく読み進められる文書にすることができる。
> 文書の目的は、文書を作成して発行することではない。文書の発行によって、書き手が期待する行動を読み手にとってもらうことが目的である。質問や問い合わせに対する返事がほしい、文書の内容を関係者に伝えてほしい、伝えた情報を新製品の企画立案に役立ててほしいなどが真の目的になる。文書は、このような目的を実現させるための道具である。目的が明確になっていれば、文書の書き方もより的確なものになる。

解答のポイント

解答のポイントを箇条書きで示すと、次のようになる。

- 読み手を明確にすることで、読み手に合った適切な用語を使用したり表現を変えたり内容の過不足を防止したりすることができる。
- 読み手を明確にすることで、読み手の立場に立って疑問を感じることなく読み進められる文書にすることができる。
- 文書の目的が明確になっていれば、書き方もより的確なものになる。
- 文書の真の目的とは、文書を作成して発行することではなく、文書の発行によって書き手が期待する行動を読み手にとってもらうことである。
- 文書は、真の目的を実現させるための道具である。

実際の解答は、以上のポイントをもとに指定された文字数で文章にまとめる。

確認問題

第1回

第2回

第3回

採点シート

付録2

問題2（文書作成分野）

B 標準解答

> 5W2Hの「5W」とは、「When（時期・時間はいつか）」「Who（誰から誰に宛てたものか）」「Where（どこで行われるのか）」「What（何を伝えるのか）」「Why（なぜ文書を発行するのか）」であり、「2H」とは「How（どのような手段・方法で行うのか）」「How much（どれくらいの費用がかかるのか）」である。文書を作るときは、5W2Hを常に考えることで記載内容の漏れの防止に役立てることができる。1つの文書の中に、5W2Hのすべてが含まれているとは限らないが、含まれるべき5W2Hの中の何かが欠けてしまっては文書としては不完全なものになってしまう。

解答のポイント

解答のポイントを箇条書きで示すと、次のようになる。

5W2Hの「5W」には、次のような意味がある。

- When ：時期・時間はいつか。
- Who ：誰から誰に宛てたものか。
- Where ：どこで行われるのか。
- What ：何を伝えるのか。
- Why ：なぜ文書を発行するのか。

5W2Hの「2H」には、次のような意味がある。

- How ：どのような手段・方法で行うのか。
- How much：どれくらいの費用がかかるのか。

実際の解答は、以上のポイントをもとに指定された文字数で文章にまとめる。

問題3

標準解答

ポイント1

ポイント2

ポイント4

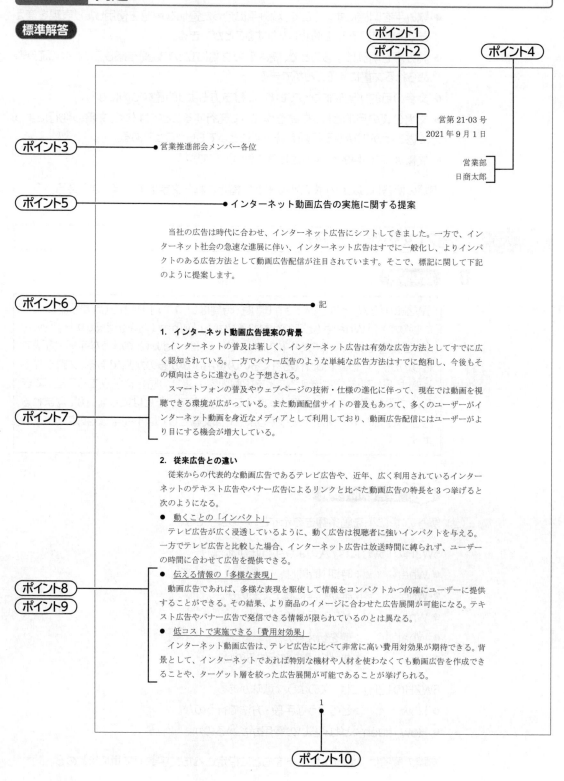

営第 21-03 号
2021 年 9 月 1 日

営業部
日商太郎

ポイント3　→　営業推進部会メンバー各位

ポイント5　→　インターネット動画広告の実施に関する提案

当社の広告は時代に合わせ、インターネット広告にシフトしてきました。一方で、イ
ンターネット社会の急速な進展に伴い、インターネット広告はすでに一般化し、よりインパ
クトのある広告方法として動画広告配信が注目されています。そこで、標記に関して下記
のように提案します。

ポイント6　→　記

1.　インターネット動画広告提案の背景

インターネットの普及は著しく、インターネット広告は有効な広告方法としてすでに広
く認知されている。一方でバナー広告のような単純な広告方法はすでに飽和し、今後もそ
の傾向はさらに進むものと予想される。

スマートフォンの普及やウェブページの技術・仕様の進化に伴って、現在では動画を視
聴できる環境が広がっている。また動画配信サイトの普及もあって、多くのユーザーがイ
ンターネット動画を身近なメディアとして利用しており、動画広告配信にはユーザーがよ
り目にする機会が増大している。

ポイント7

2.　従来広告との違い

従来からの代表的な動画広告であるテレビ広告や、近年、広く利用されているインター
ネットのテキスト広告やバナー広告によるリンクと比べた動画広告の特長を 3 つ挙げると
次のようになる。

● 動くことの「インパクト」

テレビ広告が広く浸透しているように、動く広告は視聴者に強いインパクトを与える。
一方でテレビ広告と比較した場合、インターネット広告は放送時間に縛られず、ユーザー
の時間に合わせて広告を提供できる。

● 伝える情報の「多様な表現」

動画広告であれば、多様な表現を駆使して情報をコンパクトかつ的確にユーザーに提供
することができる。その結果、より商品のイメージに合わせた広告展開が可能になる。テキ
スト広告やバナー広告で発信できる情報が限られているのとは異なる。

ポイント8

ポイント9

● 低コストで実施できる「費用対効果」

インターネット動画広告は、テレビ広告に比べて非常に高い費用対効果が期待できる。背
景として、インターネットであれば特別な機材や人材を使わなくても動画広告を作成でき
ることや、ターゲット層を絞った広告展開が可能であることが挙げられる。

1

ポイント10

 **解答のポイント**

ポイント1

文書番号の挿入位置は最上部の行とし、右揃えにする。

文書番号、日付、宛名のように入力する文字が決まっている場合は、誤字だけでなく脱字や余字にも注意する。

ポイント2

発信日は文書番号の次の行に右揃えで記入する。

ポイント3

宛名の位置は発信日の次の行で左揃えとする。宛名は「営業推進部会メンバー」であるが、「メンバー」は複数の人になるので、敬称は「各位」とする。

ポイント4

発信者は宛名の次の行に右揃えで記入する。社内文書の場合、会社名は不要なので削除し、部署のみを記入する。

ポイント5

標題はこの文書で伝える内容と目的を、簡潔かつ明確にまとめる。この文書では、内容は「インターネット動画広告の実施」であり、目的は「提案」である。

ポイント6

「記」は中央揃えにする。

ポイント7

元の文章では「スマートフォンの普及や〜」から「〜増大している」までが1文で、非常に長く読みにくい。文章を読み、文脈が切れるところで2つの文章に分ける。分けたときに全体の文脈が変わらないように注意する。

ポイント8

「従来広告との違い（追加メモ）.txt」を開き、文章全体をコピーして貼り付け、内容を整理する。前半部分の「〜情報は限られています。」までは従来の広告についての説明であり、この見出しの「従来広告との違い」に沿わない内容なので不要である。

ポイント9

見出しを付けるときには、すでに記入されている「動くことの「インパクト」」に合わせるように考える。

ポイント10

ページ番号はページの下部中央に挿入し、「1」から始める。

3. インターネット動画広告の種類

インターネット動画広告の種類は主に次の3つに分類できる。

- ・インストリーム型：動画配信サイトなどの動画に組み込む広告である。ユーザーは大きな画面サイズで視聴できる。
- ・インバナー型： 従来のバナー広告に動画を組み込むタイプの広告である。さまざまなウェブサイトに展開できる。
- ・インリード型： ウェブページの一部に組み込み、ユーザーがウェブページをスクロールして広告が表示されたときに再生されるタイプである。特にスマートフォン向けウェブページに有効である。

これらのどの広告パターンにウェイトを置くかは、今後の検討課題である。

ポイント11

4. インターネット動画広告への取り組み

インターネット動画広告を実施した場合、次のような考えで効果測定を行う。PDCAのサイクルが常に回るようにして、最適な広告出稿になるように心がける。

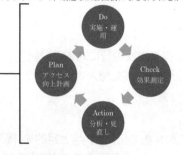

ポイント12

5. 予算措置

従来の広告予算とは別枠で、下表のような予算措置を講じたい。

単位：万円

年度	制作費	掲載料	合計
初年度	50	150	200
次年度	30	220	250

※以後は、効果測定に連動させた予算措置を講じていく。

ポイント13

6. スケジュール

次のようなスケジュールで進める。

- ・2021年10～12月： インターネット動画広告の詳細計画立案および制作
- ・2022年1月～： インターネット動画広告開始および効果測定

以上

ポイント14

2

 解答のポイント

ポイント11

コロンの付いた箇条書きでは、コロン以下の位置をそろえると見やすくなる。

ポイント12

図解のコツは、図解化する文章からキーワードを抜き出して、キーワード間の関係を線や矢印で示すことである。

問題では「PDCAのサイクルが常に回るように」とあるので、要素が循環している表現ができる図解を考える。

要素は以下の項目で構成されるので、4つの要素が循環する図解を作成する。

- アクセス向上計画を立案（Plan）
- 計画に基づく実施・運用（Do）
- 効果の測定（Check）
- 分析・見直しの実施（Action）

図解はカラーにしなくてもよいし線の太さや塗りも自由でよいが、文書全体の体裁に合うようにする。またWordのSmartArtグラフィックを使用すると簡単に作成できるが、1つずつ図形を配置して作成してもよい。

ポイント13

箇条書きは2項目なので、見出し行を加えて3行の表を作る。セルに数値の単位を記入していない場合は、右上に数値の単位を記入する。色付けや表のスタイル設定は自由とするが、セルの数値は右揃え、見出し行の項目は中央揃えにする。

ポイント14

「以上」は右揃えにする。

ポイント15

2ページ目の見出しと本文に、1ページ目と同じスタイルを設定する。

ポイント16

文書全体を2ページでまとめる。